唐拔博士的養狗必修九堂課

BEFORE & AFTER YOU GET YOUR PUPPY

掌握三個月黃金發展期，
教出守規矩、伶俐可愛的好狗兒！

唐拔博士（Dr. Ian Dunbar）◎著
黃薇菁（Vicki）◎譯

貓頭鷹

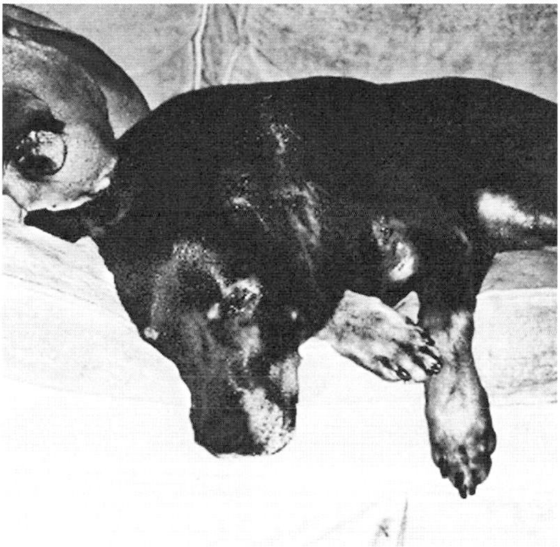

紀念艾文

獻辭

獻給所有不只在乎狗的毛色、體型，也同樣在乎牠們身心健康的優秀繁殖者。

獻給所有博學的獸醫，因為他們知道，早期社會化和訓練對於避免壞習慣和性情問題有多麼重要。

獻給所有關愛並負責的狗狗飼主，因為他們竭盡所能地選擇、養育並且訓練狗狗，讓牠們變成有個性及有禮貌的夥伴。

獻給所有過度辛勞的訓犬師、收容所人員、志工，以及動物救援組織成員，他們正盡全力設法解決由其他繁殖者、獸醫和飼主製造出來的問題。

目次

前言

很不幸，大多數狗狗都活不過兩歲，牠們罹患了「沒人要」的絕症，只因為牠們無法達成夢想中「靈犬萊西」給人的承諾和期待。相反地，牠們顯然發展出許多壞習慣、訓練及性情問題，因此被人丟進收容所，用生命玩樂透。

許多人把這種悲劇歸咎於不負責任的飼主，我則認為是飼主不知道方法，大多數即將成為飼主的人，根本不知道他們將面臨什麼問題。更不幸的是，他們也不太知道如何避免或解決這些問題。最諷刺的是，許多狗的死都是因為新手飼主遵守了過時訓練書中誤導人的建議，那些建議有時候甚至十分糟糕。

飼主缺乏教養方法是所有犬界相關專業人士的責任，包括繁殖者、訓練師、獸醫、動物管制人員、收容所人員。也就是像我這種犬界專業人士的錯，因為我們沒有充分向大眾宣導：狗的養育和訓練有更簡單、迅速、溫和，而且整體上更有效的方法。

本書將概述常見及可預見的幼犬問題，提供小狗發育階段表，建議許多對狗友善的預防措施和解決方法，強調早期社會化、限制活動範圍及防患未然的重要性，並且提供誘導／獎勵式訓練技巧。

有感於教育可以無聊也可以很好笑，我一直設法把這本書寫得趣味又豐富，但教育和娛樂永遠有著微妙的分界，所以我也設法強調許多觀念的急迫性，並再三叮嚀小狗新手飼主務必弄清楚這些資訊。

選擇小狗時，你需要知道如何判斷牠的行為發展和教育程度是否達到標準，而要能夠評估小狗的發展及教育程度，取決於**你**對幼犬教育的了解。

小狗來到你家的第一個月是牠一生最關鍵的發展期。基本上，這個短暫的關鍵期將決定你的狗未來是否能夠成為有禮貌又好脾氣的好夥伴，為你未來的生活帶來歡樂，還是會發展出許多壞習慣，變成恐懼又不友善的惡犬。這段期間你就像站在十字路口，小狗的未來發展方向完全操之在你。

為了幫助你大致了解所有你需要學習的重要資訊，我概述了六大發展期限，作為本書的主要架構。在探討這些期限以前，我們先來概括討論一下，你把小狗帶回家**以前**和**以後**要考量哪些事。簡介完這些觀念之後，我們再來逐一詳談內容。

第一課
不可不知的重要概念

最佳上課時間：決定養狗的那一刻起

如果你已經決定飼養並訓練小狗，請務必確定先訓練好自己。請謹記：只要幾天就可以搞壞原本完美的小狗。無庸置疑，多數的重要發展期限在你有養小狗的念頭以前，就已經過去了。

當許多第一次養狗的飼主發現，家裡的新同伴會咬人、吠叫、啃壞東西、挖洞，還會用屎尿在家中留下記號時，總是大感意外，但這些都是完全正常、自然且必要的狗狗行為。你新來的狗狗室友急著想學人類居家生活的禮儀，牠想要取悅人，但牠必須知道取悅人的方法，把規矩當成祕密沒什麼好處，必須有人告訴牠，而這個人就是你。

你得教狗狗學習規矩

在你邀請小狗分享你的生命之前，絕對明智且公平的事情是，你必須事先知道可以對正常發育的小狗有什麼期待、小狗將出現哪些你無法接受的行為和特性，以及如何調整小狗的不當行為和性情。

尤其，你必須知道如何教導小狗在哪裡上廁所、什麼東西可以咬、什麼時候可以叫、什麼地方可以挖洞、迎接人時要坐下、被人牽著散步時要安定、聽話時要冷靜下來不出聲、抑制牠其實相當正常的咬人行為，並且完完全全地喜歡有其他狗和人的陪伴，特別是小孩、男人、陌生人。

選一隻能陪伴你的狗

無論你想從專業繁殖者，或是首次自家繁殖的家庭裡選擇你的狗，選擇的準則都一樣。尋找那些已經在人類陪伴及影響下，飼養在屋內的小狗，尤其是那種和小狗接觸的人已經花了很多時間在教育牠的狗。

你的小狗需要為日常居家生活的吵鬧聲做好準備——吸塵器的噪音、廚房鍋子掉落的聲響、電視上有人大喊大叫的足球賽、嬰兒的哭聲、成人的吵架聲。小狗的眼睛和耳朵還在發育時，牠的視覺模糊，聽力也還不好，讓牠接觸這類刺激，能使牠逐漸習慣這類景象和聲響，否則等牠長大後，可能會害怕這些聲音。

不要挑選養在戶外院子或犬舍裡的小狗。請記住，你要的是一隻與你分享家的狗狗，所以你要找一隻被養在家中的小狗。被養在地下室或犬舍裡的小狗當然不會具備寵物特質，牠們和牛、羊、豬、雞一樣是「家畜」，不但沒有受過大小便訓練，也缺乏社會化，牠們不會是好的伴侶動物。請尋找在廚房或客廳出生與飼養的小狗。

犬種是極為個人的選擇，是你的選擇。但是，如果你可以在資訊充裕之下，經過考量後才作選擇，就能免除不少沒必要的問題和心痛。選出你喜歡的犬種，調查該犬種的特性及問題，然後再找出養育及訓練你家小狗的最佳方法。在你作出最後選擇之前，一定要先找幾隻心儀犬種的成犬來試養，這樣你很快就會了解針對這個犬種需要知道的事，這麼做還能暴露你對犬隻行為和訓練的學習有何不足。

無論你作了什麼選擇，請不要騙自己說，只要選擇「完美的」犬種和「完美的」小狗，未來就會得到一隻「完美的」成犬。只要適當地提供小狗社會化及訓練，任何小狗都將長成絕佳的伴侶動物。無論犬種或配種，任何小狗若少了適當社會化及訓練，都將變成不良惡犬。請你在選擇小狗時做好功課，明智地抉擇，同時謹記：影響小狗成長後是否符合你眼中完美期待的最大因素，取決於適當的社會化和訓練。

無論你最後的選擇為何，成敗完全操縱在你手中，你家小狗的行為和性情完全取決於好的照料和訓練。

限制環境＋關狗

小狗的居住環境需要好好設計，才能讓你家小狗的大小便訓練與啃咬玩具訓練完全不出錯。小狗每次出錯都可能是未來的大災難，因為這代表牠將犯下更多錯。

小狗遊戲區（長時間活動限制區）必須有舒服的床、新鮮供水、啃咬玩具和廁所。

長時間限制小狗的活動範圍可以預防牠在家中犯錯，並且讓牠教導自己把適當的地點當成廁所，安定冷靜地休息，並想要啃咬適當的啃咬玩具。在限制範圍內提供塞滿飼料和零食的啃咬玩具，教導你的小狗自得其樂，讓牠為將來可能被獨留家中作好準備。

短時間的關籠限制同樣可以避免小狗學會在家中犯錯，同時也會讓牠教導自己冷靜安定地休息，想要啃咬適當的啃咬玩具。除此之外，短期關籠讓你可以準確預測小狗**何時**需要上廁所，因此你可以在適當時機帶牠去適當地點上廁所，並加以獎勵。成功的如廁訓練關鍵就是：能夠準確預測小狗何時「想去上廁所」。

社會化決定了狗狗的性情

從你選擇小狗的那一刻起，牠的社會化和訓練就變得相當急迫，沒時間浪費。

基本上，成犬的性情和行為習慣無論好壞都在幼犬期形成，而且是在極早的幼犬期。事實上，有些小狗在只有八週大時就已步向毀滅。尤其是你選擇小狗與小狗剛到家的前幾天，特別容易犯下可怕的大錯，這些大錯通常難以磨滅，將影響狗狗一輩子的行為和性情，但這不代表未經社會化及訓練的八週大小狗無法進行矯正，如果你動作快，牠們是可以改變的。總之，從一開始就預防行為和性情問題很容易，事後矯正則困難耗時，而且你的小狗已經不太可能變成牠原本可能長成的優秀成犬了。

別為自己製造問題

學習明智地挑選小狗，並學習在小狗一到新家時，就實施正確無誤的大小便訓練與啃咬玩具訓練。允許小狗隨處大小便或任意咬東西絕對是傻事，也絕對不容輕忽：之所以是傻事，是因為

牧羊犬開過狂歡派對之後！
塞滿食物的啃咬玩具提供狗兒適當的消遣與職能治療，讓牠消磨在家獨處的時光。

你為自己的未來製造了很多頭痛的問題；絕對不容輕忽的原因則是，每年都有數百萬隻狗狗，只因為飼主不知如何訓練牠們大小便或不亂咬東西，遭受安樂死的對待。

如果你的小狗曾在無人看管的狀況下被留在家中，牠一定會啃咬家裡的東西、在家裡任意大小便，雖然這些小意外本身無傷大雅，卻為狗狗未來幾個月會選擇什麼東西當玩具、把哪裡當成廁所，開了先例。

現在不教，就是未來棄養狗狗的徵兆！

讓小狗出現一次隨處大便的失誤是個大災難，因為它為小狗選擇上廁所的地點開了先例，也代表著未來將有更多錯誤。

你應該把小狗隨處大小便或亂咬東西的過錯，視為未來潛在的大災難，因為它預示了長大後屎尿更多、嘴巴也更具破壞力的狗兒，將犯下更多的錯誤。

許多飼主在小狗四、五個月大時開始注意到牠的破壞力，此時小狗通常會被放到屋外。破壞是小狗無聊、無人看管和尋求娛樂的結果，天生的好奇心促使孤單的牠們挖洞、狂吠和脫逃，為的是尋找某種形式的職能治療，好消磨孤單的監禁時光。一旦鄰居抱怨狗狗不停狂吠與不時逃家，牠就會更進一步被關進車庫或地下室。而這通常是狗兒被送入收容所玩命運大樂透之前的暫時措施。

被棄養的狗狗在收容所的認養率低於百分之二十五，其中又有一半在新飼主發現正值青春期的牠們會惹麻煩後，馬上被退回收容所。以上總結了許多狗狗的命運。

最悲傷的是，所有這些簡單的問題都可以及早避免，大小便訓練和啃咬玩具訓練一點也不複雜困難，但你的確必須知道訓練方法，而且是在帶小狗回家**之前**就知道怎麼做。

挖洞、狂吠和逃家通常是次要問題，青春期狗狗被放逐到院子裡獨自度過無聊的一生，主因常是未訓練好大小便習慣。把狗兒的大小便習慣訓練好，你就可以留牠在家中。神奇的是，挖洞和逃家的問題也將自動消失。

減少過度吠叫最好的方法之一，就是教導小狗依照指令吠叫。訓練小狗遵照指令吠叫，也有助於教導牠遵照指令安靜。
與其在小狗興奮吠叫時設法讓牠安靜下來，不如要求小狗吠叫，這樣當牠安定專注時，就可以教牠安靜的口令。

第二課

認識六大發展期限

最佳上課時間：養狗以前

與時間賽跑的小狗教養

一旦小狗抵達你家，你就開始與時間賽跑了。在三個月內，你的小狗必須趕上六個重要的發展期限，如果沒能趕上任何一個，牠就不可能完全發展潛能，就狗兒的行為及性情來說，你可能終其一生都得設法補償。其中最要緊的是社會化及嘴勁控制訓練的期限，忽略這兩件事絕對會付出慘痛的代價。

如果你已經養了小狗，並且覺得進度落後，不必就此舉白旗，但你必須認知到自己落後很多，你家小狗的社會化和教育已經迫在眉梢，必須立即盡力趕上。請馬上找位寵物犬訓

六大發展期限

1. 你的養狗教育（尋找小狗以前）
2. 評估小狗的進展（選定小狗以前）
3. 不出錯的大小便訓練（小狗到家以後）
4. 對人的社會化（滿三個月大以前）
5. 嘴勁控制（滿四個月大以前）
6. 預防青春期問題（滿五個月大以前）

練師，或是邀請家人、朋友和鄰居來幫忙，以補足你家小狗的社會化和訓練。也許請一兩週的長假，完全用在小狗身上。小狗的年紀愈小，趕上落後的發展時間表與降低損害就愈容易、愈迅速，你愈是一天一天拖下去，它就變得愈來愈不容易。

第一期、你的養狗教育

在你開始尋找你的完美小狗之前，你得知道要找哪種狗、去哪裡找，以及何時把牠帶回家，根據充足資訊所作的選擇，通常會比衝動購買好很多。

此外，你需要徹底熟悉發展期限，從你選定小狗那天起，這些期限就變得急迫而關鍵。

詳讀本書，旁聽幾堂幼犬課，經過深思熟慮後

養新小狗的計畫得從飼主學習幼犬教育開始。

再選擇，你家狗狗的未來取決於此。

第二期、評估小狗的進展

在你選定小狗（一般來說是八週大的小狗）以前，你需要知道如何選擇好的繁殖者及好的小狗，尤其要知道如何評估小狗的行為發展。

到了八週大，你的小狗必須已經完全習慣家中的環境，尤其是各式各樣可能令人害怕的聲響；你的小狗應該已經被許多人摸過，尤其是男人、小孩以及陌生人；你的小狗應該已經開始進行不出錯的大小便訓練和啃咬玩具訓練，而且牠應該已經對基本禮儀有了一些初步認識，至少要能夠聽從召喚、坐下、趴下及翻滾等指令。

適合高山搜救工作的小狗在八週大時，就會被人從一窩謹慎選中的小狗裡細心挑選出來。

換言之，為了準備進入家居生活，小狗必須飼養在有人居住的室內環境裡，而不是隱蔽的後院或豪華的犬舍。

第三期、不出錯的大小便訓練

你必須從小狗到家第一天起就著手進行不出錯的大小便與啃咬玩具訓練，這件事在第一週很重要，這段時間內小狗學習到的任何好習慣和壞習慣，都將為往後數週、數月，有時甚至是數年，立下先例。

在你把新小狗帶回家以前，絕對要確定自己已經完全了解長時間和短

時間限制狗狗自由的原則，有了長時間和短時間限制活動的時間表，大小便訓練和啃咬玩具訓練將變得容易、有效，又不出錯。在小狗剛到家的前幾週，給牠塞了飼料的啃咬玩具，實施規律性限制自由，藉此教導小狗學會自己啃咬玩具、冷靜安定地休息，同時學習不要叫著玩。此外，短時間限制自由可以讓你預測小狗何時需要上廁所，如此一來你可以帶牠去適當地點解放，並且獎勵牠。

第四期、對人的社會化

社會化的黃金期在小狗三個月大時結束，這是小狗學習接納並且喜歡與人為伴的重要發展階段，因此你的小狗滿三個月大前就要進行社會化，好讓牠學會面對人。然而，由於此時小狗的預防接種尚未完全，牠們需要在安全的

小狗滿三個月大之前必須進行社會化，好讓牠面對人，尤其是男人和小孩。

自家環境裡與人見面。根據經驗法則，你的小狗在八週大之前，需要見過至少一百個不同的人，到新家後另外再見一百個人，這做起來不但比聽起來容易，也很好玩。

第五期、嘴勁控制

嘴勁控制是狗狗教育裡最重要的一課，成犬的牙齒和雙顎咬人很痛，還會傷人。所有動物在面對同類時，都必須學習抑制使用自己的武器；畜養的動物必須學習對所有動物都保持溫柔，尤其是人類。家犬則必須學習對所有動物控制用嘴的力道，尤其是對其他狗和人。

小狗四個半月大時，發展「溫柔嘴勁」的短暫時日就結束了，因為大概在這個時候，牠

嘴勁控制極為重要。在教導小狗完全不咬人之前，必須先教牠們學習控制嘴勁。

們開始長出成年犬齒。這也是為什麼小狗在滿四個半月之前迫切需要參加幼犬班，這麼一來才能提供小狗學習嘴勁控制的理想平台。

第六期、預防青春期問題

為了確保你先天優良、教育良好的小狗，一輩子都能維持良好的社會化、有禮又友善，你的狗狗需要經常接觸陌生人及陌生狗。換言之，你的狗需要每天出外散步至少一次，也可以盡早讓牠乘車出遊、拜訪朋友家，只要獸醫說可以和狗狗去散步，你應該馬上這麼做。

想要維持社會化，就必須讓狗狗在幼犬期、青春期及成犬期都持續社會化。持續接觸陌生人、陌生犬，以及陌生情境，也將使你的狗持續獲得自信。

第三課

你的養狗教育

最佳上課時間：尋找小狗以前

無庸置疑，最重要的發展期限甚至早在你開始尋找小狗之前就已降臨，那就是**你的**小狗飼養教育，就像開車之前應該學習如何駕駛，你應該在把小狗帶回家之前，就開始學習如何養育和訓練小狗。

人不教，狗怎麼會懂？

有些飼主以超高標準要求小狗；有些飼主只求魔術和奇蹟。飼主期待小狗長時間獨留家中時，行為乖巧並自得其樂，他們也假設小狗不需指導，就能神奇地自己長大變成這樣。當你把家規當成祕密不告訴你的狗，可想而知，牠們會找些「狗方法」來娛樂自己，等到牠們違反牠們不知道的家規時，你才來抱怨，這很不公平。如果你有家規，就得有人把這些家規教給狗狗，而那個人就是你。

幸運的是，狗兒活動的高峰時間是每天早上和傍晚，因此許多狗兒相當樂意整日休息、睡覺，但有些狗並非如此，牠們比較活躍，一旦獨自留在家裡變成牠無法忍受的壓力，狗兒白天可能就會破壞房子和花園。

嘿~別忘了牠們是狗！

飼主在新來的狗狗咬人、吠叫、啃咬、挖洞，以及用屎尿裝飾地板時，經常很意外，可是這些都是狗會做的事。你期待狗兒怎麼溝通？學牛哞哞叫？還是學貓喵喵叫？你又希望狗狗如何消磨一整天的時間？做功課？拖地？幫家具撢灰塵？還是看書、看電視或做手工藝自娛？許多飼主面臨像是撲人、暴衝，或是隨著青春期而來的精力過剩等等壞習慣時，似乎顯得更加茫然。

此外，青春期狗狗或成犬出現咬人或打架問題

時，飼主往往無法置信。但是，當狗狗缺乏社會化、被騷擾、受虐、害怕或生氣時，你期待牠們怎麼做？打電話找律師嗎？牠們當然會開咬！咬東西是犬隻行為的一部分，就像搖尾巴或埋骨頭一樣正常。

做好你的狗狗功課

在邀請小狗分享你的人生之前，請事先了解一隻正常發育的小狗有什麼能力，這樣才聰明而公平。請了解哪些行為和特質你可能無法接受，如果小狗有不當行為及情緒又該如何調整。

尤其，你需要知道如何教導小狗

狗就是狗，小狗表現出狗的行為不令人意外，牠們會咬東西、挖洞、吠叫，主要透過肢體語言和尿尿訊息進行溝通，而且大部分時間花在嗅聞屁股上。

何時可以吠叫、該啃咬什麼、在哪裡挖洞、去哪裡上廁所、迎接人時要坐下、安定地牽繩散步、依指令冷靜下來不出聲、抑制正常的啃咬行為，並且喜歡其他人和其他狗的陪伴，尤其是男人、陌生人和小孩子。

完美犬種＋完美小狗≠完美成犬

選擇小狗時要考量很多事，包括品種、類型、帶小狗回家的最佳年紀。顯然，你也想選擇最適合你，以及符合你生活型態的狗兒。在此與其列出我的個人偏好，不如分享一些更重要的指導原則。

在你帶狗回家之前，很重要的是你得知道要教牠什麼，以及如何教。
除了閱讀本書，請多參考其他書籍、影片、旁聽幼犬班，更重要的是，盡可能找多隻成犬來試養。和上幼犬班的飼主談談，看看他們遇到哪種問題，新手小狗飼主會無情、誠實地描述自家小狗的問題。

首先，不要告訴自己只要選擇了「完美」犬種和一隻「完美」小狗，牠就會自動長成「完美」的成犬。只要接受適當的社會化和訓練，任何狗狗都可以成為絕佳的同伴。無論狗狗的犬種或繁殖，任何一隻小狗少了正確的社會化和訓練，都可能成為不良惡犬。選擇你的狗時請做功課，明智地選擇，同時謹記：適當的社會化和訓練，才是真正決定和影響狗兒未來是否符合你心中完美成犬預期的因子。

找對人，問對事情

第二，從最適當的資源尋求建議。一般常見錯誤是向獸醫尋求犬種建議，向繁殖者尋求健康建議，向獸醫、繁殖者和寵物店員工尋求極為重要的行為和訓練建議。

但最好的辦法是，向訓練師和行為諮詢師尋

求訓練及行為建議，向獸醫尋求健康建議，向繁殖者尋求犬種建議，向寵物店工作人員尋求產品建議。

如果你真的想多了解，去看看附近的小狗課程，和上課的飼主聊聊，他們會告訴你與小狗實際生活的殘酷真相。

運用常識來判斷各種建議

第三，從多種不同來源尋求建議，並且小心評估所有建議，應用常識原則：它是否合理？這個建議和你的家庭或生活型態有關嗎？雖然多數建議有其根據，有些建議卻可能毫不重要、虛偽不實、嘮叨說教，或令人質疑，有時還會有完全錯誤的「建議」。

舉例來說，有位繁殖者告訴一對夫婦，除非他們有圍圍籬的院子，而且其中一人整天在家，才能購買小狗。可是這位繁殖者自己並沒有圍圍籬的院子，而且她那二十多隻狗，住在離她家將近四十公尺遠的犬舍籠子裡，完全不可能有人相伴。有人看不出問題在哪嗎？

再舉一個例子。許多人獲得的建議是，如果他們住在公寓裡，就不該養大型犬。正好相反！如果讓大型犬固定散步，他們是很棒的公寓伴侶。和小型犬比起來，大型犬往往較能安定休息，較少吠叫。許多小型犬活潑好動，愛叫、跑來跑來，惹得飼主和鄰居惱怒不已。當然，只要有人訓練小型犬冷靜休息不出聲，牠們也可以成為很棒的公寓伴侶。

另外一個例子則是，許多獸醫建議，黃金獵犬和拉布拉多是最適合與小孩相處的犬種。但事實上，所有的犬種都可以成為小孩的好伴侶，只要事先訓練牠們如何與小孩相處，以及事先教導小孩如何與狗相處！否則，包括黃金獵犬和拉布拉多在內的狗兒，都可能因為受小孩驚嚇而生氣，或是因為小孩的某些作為而興奮、激動。

仔細考量，別掉入沒必要的問題泥沼

請記住：你要選擇的是一隻將來會與你長期共同生活的狗。選擇狗兒來分享生活是極為個人的選擇，是你的選擇。如果你在資訊充足且考量充分之下作出選擇，就可以省掉一大堆沒有必要的問題和心痛。

不過就現實來說，人很少聽從善意的建議，通常用「心」作選擇，而不是用大腦。事實上，許多人到頭來是按照他們選擇終生伴侶的標準來選狗：看牠的毛色、型態和可愛程度。無論基於什麼理由選狗：族譜、型態、可愛程度或大致的健康狀態，養好狗，終究取決於小狗是否學習到適當的行為和訓練。

混種犬？純種犬？有什麼差別？

同樣地，這是只有你才能做的個人選擇。

以長相及行為來說，純種犬和混種犬兩者最大的差異是，純種犬比較容易預測，混種犬則顯然每隻都很獨特，獨樹一格。

不管你對外貌、專注力及活潑程度有怎樣的個

人偏好，考量整體健康狀況及壽命長短會比較好。

一般而言，混種犬因為沒有近親交配，遺傳上較為健康、活得比較久，也比較沒有健康問題；相反地，純種犬的犬舍裡，可能就可以看到你理想中小狗的前幾代祖先，牠們所表現的友善程度、基本禮貌、大致健康狀態，以及壽命長短。

危機四伏的犬種建議

我強烈反對向人推薦犬種。推薦特定犬種聽起來像是很有幫助而且無害，但是這麼做卻暗藏危機，也沒有為狗兒或養狗家庭著想。無論是推薦或否定某個犬種，常使飼主相信，訓練沒有必要或不可能，讓許多可憐的狗狗在未受教育的狀況下長大。

犬種建議還常常導致天真的飼主相信，一旦他們選擇正確的犬種，就什麼事都不用做了。許多飼主認為，他們有了最佳犬種，誤以為訓練沒有必要，因此就算了，而這當然是情況開始走下坡的預告。

更令人不安的是，當某些犬種被人推薦時，其他犬種自然而然會受到排擠，「專家」常建議某些犬種太大、太小、太活潑、太懶、太快、太遲緩、太聰明或太笨，因此很難訓練。當然，我們都知道，無論什麼有用的「建議」，飼主大概還是會挑他們原本就想要的犬種，但現在他們可能不想訓練小狗了，認為過程很困難又耗時。此外，飼主還可能拿上述任何一個現成的理由，當做自己疏忽、失責的合理藉口。

先跟你喜歡的犬種玩一玩，再決定！

犬種是極為個人的選擇，選擇你喜歡的犬種，調查犬種特性及問題，然後再蒐集資料，找出養育和訓練小狗的最佳方法。如果你選的是大家認為很好養育和訓練的犬種，好好訓練牠，讓牠成為該犬種最棒的一隻狗，成為該犬種的代表；如果你選的是有些人認為不易養育和訓練的犬種，訓練，訓練，再訓練，讓牠成為該犬種最好的範例，成為該犬種的代表。

無論你最後怎麼選，一旦選了，成敗就完全操在你手裡，你家小狗的行為和性格現在完

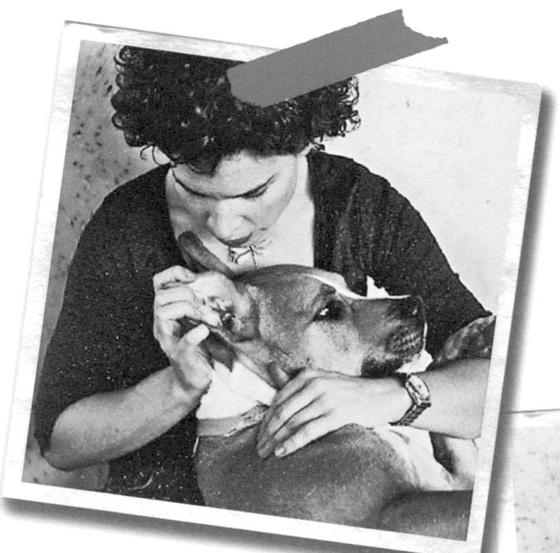

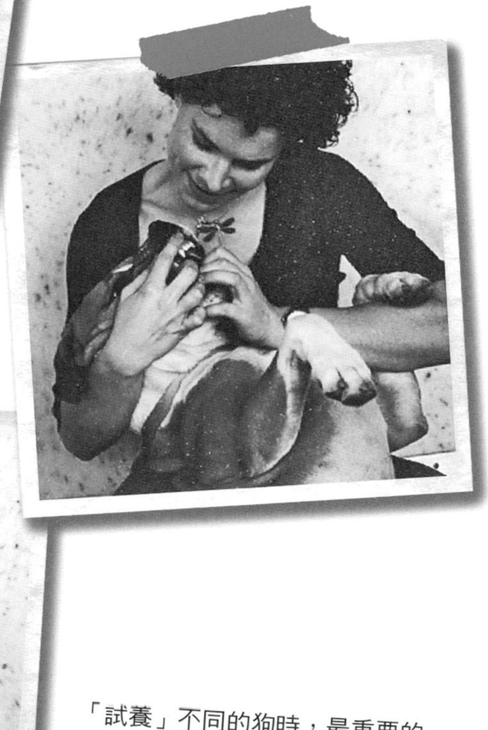

「試養」不同的狗時，最重要的是基本身體碰觸訓練，在你檢查狗狗的耳朵、口鼻和腳掌時，確認每隻狗都喜歡被人依偎、摟抱，可以被輕柔地限制自由。

全仰賴良好的照顧與訓練。

評估不同犬種時，優點很明顯好找，你需要找的是該犬種的缺點。你需要調查該犬種或該犬系特有的潛在問題，也要知道如何處理這些問題。如果你想更了解某個犬種，請至少找六隻該犬種的成犬，和牠們的飼主長談一下，最重要的是見見那些狗！檢視牠們並且摸摸牠們，和牠們一起玩，訓練一下，看看牠們是否歡迎你這個陌生人的拍撫？牠們會坐下嗎？可以牽著好好散步嗎？牠們是安靜或很吵的狗？牠們安定沉著或者過動不受控制？你能檢查牠們的耳朵、眼睛和屁股嗎？你能打開牠們的嘴嗎？你能讓牠們翻滾嗎？飼主的家裡和花園依然完好嗎？最重要的是，狗兒喜歡人和其他狗嗎？

後天環境 vs. 先天遺傳

學習那些你預期會發生的事，因為在你把八週大的小狗帶回家後，牠將以驚人的速度成長，僅僅四個月間，你的小狗將發育成六個月大的狗，進入青春期，此時牠幾乎已經達到成犬的體型、力氣和速度，但牠在學習上依然受限於許多小狗的特質。你的小狗在面臨即將到來的青春期之前，還有極多必須學習的事。

請明白，以個性、行為和性情來說，同一犬種的狗兒可能會相當不一樣。如果你有兄弟姐妹或一個以上的小孩，你大概就能了解同一對父母生下的孩子，在性情和個性上會有多大的差異，狗也一樣。事實上，同一窩小狗的行為差異可能不亞於不同犬種的狗兒。

在人們喜見的居家行為和性情上，後天環境對小狗的作用，如社會化和訓練，比先天遺傳更具影響力。舉例來說，如果有同等經驗和受教史，被教過的好雪橇犬和未被教過的壞雪橇犬在性情上的差異，或好黃金獵犬和壞黃金獵犬在性情上的差異，比起雪橇犬和黃金獵犬之間天生性情的差異大很多。**狗的教育永遠是決定牠未來行為和性情的最大因素**。

請確定你徹底了解上述內容，我並不是說，訓練必定比遺傳更能影響狗的行為，而是相當決斷地告訴你，想要小狗學會你想要的居家行為，幾乎完全取決於社會化和訓練。舉例來說，狗兒吠叫、啃咬、撒尿做記號和搖尾巴，主要都是因為遺傳，因為牠們是狗。然而，吠叫頻率、咬得多重、撒尿做記號的地點和搖尾巴的熱切程度，則有很大一部分取決於狗兒的

看戲不用太認真，牠們是電影狗明星！

選擇犬種時，不要被電影或電視上的狗明星騙了，那些狗兒是訓練精良的狗演員。

事實上，扮演靈犬萊西的狗演員至少有八隻，牠們是在演戲，角色的要求常掩蓋了牠們真正的犬種及個別特色，這就像安東尼霍普金斯在《沉默的羔羊》裡扮演人魔漢尼拔、在《影子大地》裡扮演英國文豪路易斯一樣，是兩個非常不同的角色，而且我們一定知道，這兩者與真正的安東尼霍普金斯本人完全不同。那是在演戲。

就某方面來說，你需要教導你的狗狗如何演戲，也就是說，在各種情境比方說客廳和公園裡，表現出適當行為。

本名慕斯的艾迪在美國電視影集《歡樂一家親》裡看似冷靜沉著，因為原本活潑的慕斯為了飾演艾迪，被訓練成冷靜沉著。此外，艾迪可愛的電視表現、養成的社交技巧、迷人的禮貌和演出技巧，已經成功克服了牠原有的不良性格。

唐拔：真正的慕斯是什麼樣子呢？

瑪蒂爾德：慕斯有自己的個性！我養牠時牠差不多兩歲，牠很恐怖，是個暴君，自私調皮又有很多缺點。牠經常想辦法逃跑，牠會去追松鼠、翻垃圾、和狗打架，而且完全叫不回來。我從來沒辦法讓牠回到我身邊，而且我也不是第一個嘗試這麼做的人。牠到處小便，牠就是非常，非常的……

唐拔：牠聽起來像是一般的人類電影大明星。

瑪蒂爾德：絕對是！不過牠改變太多了，現在是隻不同的狗了。牠對訓練有興趣，也很喜歡忙碌，以前牠總是沒耐性，一點耐性都沒有，我總是得扯破喉嚨喊：慕斯！慕斯！慕斯！現在！馬上！所以這幾年我一直教牠要有耐性，對我表現好一點。本來牠極為獨立，不在乎被人拍撫，之前的舊飼主沒辦法克服這一點，因為牠從他那裡得不到回饋。現在牠非常熱情親人。

社會化和訓練，你家狗是否能馴養成功，操在你的手中。

什麼時候帶小狗回家？

除了「在你準備好時」這個明顯的答案之外，帶狗回家的時機是你已經完成「你的」養狗教育，而且小狗也準備好的時候。

一個重要的考量是小狗的年紀。大多數小狗在一生中的某段時間會換住家，通常是從牠們的出生地換到人類新夥伴的家中，小狗到新家的最佳時機取決於許多變數，包括牠的情緒需求、最重要的社會化訓練進程，以及新、舊家裡的人對狗的了解程度。

離開舊家可能是很大的打擊，減少小狗的情緒創傷因此成為主要考量。如果小狗過早離窩，牠將錯失與母親以及其他小狗的早期互動，由於到新家的第一週通常完全不會與其他的狗接觸，這隻發育中的小狗長大之後，可能會對自己的同類缺乏社會化。相反地，小狗留在窩裡愈久，牠會愈黏著牠的狗狗家族，之後離窩的調適也就愈難。延遲到新家的時間，也就是延遲了與新家人建立最重要的社會化的時間。

八週大早已公認是帶小狗回家的最理想時間，此時小狗與母親，以及同窩兄弟姐妹的「狗對狗社會化」，已足以讓牠度過一段無狗時間，直到牠的年紀夠大、夠安全到去幼犬班，或是到狗公園與其他狗兒玩耍為止。另一方面，此刻小狗年紀還小，可以和新家人建立起穩固的情感連結。

讓有經驗的人養久一點？

讓小狗留在原生家庭久一點，或是提早和新飼主生活的重要考量點是，新、舊家中的人對狗的了解程度。

一般來說，假設繁殖者是專家，而飼主是新手，把小狗留在繁殖者那裡愈久愈好是合理作法，有良知的繁殖者通常比較有能力讓小狗進行社會化、大小便訓練與啃咬玩具訓練。如果這是事實，等小狗稍微大一點再帶回家很合理。事實上，我常問新手飼主除了小狗之外，是否願意考慮改養社交技巧和訓練皆佳的成犬。

這當然假設繁殖者具有超人的專業知識。不幸的是，就像有絕佳、普通、新手和不負責任的飼主一樣，也有絕佳、普通、新手和不負責任的繁殖者。如果有經驗的飼主遇上差勁的繁殖者，盡早把小狗帶到新家比較好，最晚在滿六到八週大的期間一定要這麼做。如果你自認有能力養育小狗，但繁殖者在牠滿八週之前不讓你帶牠走，就去看別處的小狗吧！

記得，你是在尋找和你一同生活的小狗，不是尋找繁殖者。事實上，到別處找也比較好，因為差勁的繁殖者大概也會養出比普通還差的小狗。

最重要的挑選小狗標準

無論向專業繁殖者或首次家庭繁殖的人選擇小狗，標準都一樣。

首先，尋找養在室內、有人陪伴及影響的小狗，避免養在戶外場地或是犬舍裡的。你想要的小狗將與你共享一個家，所以請找養在家裡的小狗。第二，評估小狗目前的社會化和教育程度，無論犬種、配種、族譜和犬系，如果小狗的社會化和訓練在八週大都還沒開始，牠已經發展遲緩了。

好的繁殖者對於購買小狗的人極為挑剔，即將成為飼主的人對繁殖者也應該同樣挑剔。先從評估繁殖者的專業開始，留意繁殖者是否把小狗的身心健康狀態放在好看的外表之前。評估幾個因子：繁殖者的成犬是否全都對人友善、表現出訓練優良的樣子？小狗的父母、祖父母、曾祖父母及親戚是否都長壽而終？小狗是否已經表現出良好社會化和訓練？

見面時，狗狗是否友善顯而易見，所以盡可能多見一些小狗的親戚，友善的狗是優良繁殖者進行良好社會化最活生生的證據。

好的繁殖者才會有好小狗

當心那些只願意讓你看小狗的繁殖者。首先，好的繁殖者會花時間觀察你和成犬如何相處，然後才會讓你接近小狗，如果你不知道如何面對成犬，好的繁殖者不會讓你帶走小狗，因為牠在幾個月內就會變成成犬。第二，在你讓一窩超級可愛的小狗偷走你的心之前，你要從小狗的家族和犬系盡可能找多隻成犬來加以評估，如果所有成犬都對人友善，行為也良好，你極可能找到了一位優秀的繁殖者。

最能預測大致健康、良好行為和性情的指標，就是犬舍裡犬系狗兒的整體壽命長短。看看小狗的父母、祖父母、曾祖父母和其他親戚是否依然健康或長壽而終。

有良知的繁殖者會準備好過去小狗買主與小狗族譜裡其他狗兒繁殖者的電話號碼，如果繁殖者不願分享狗兒壽命與犬種特定疾病發生率等資訊，到別的地方找小狗，你終究會找到

你對繁殖者的基本評估著重於小狗的行為和性情，以及牠們的預估壽命。（詳見第四課）

同樣地，尋找好的小狗取決於找到好的繁殖者。小狗的外表、行為和性情全反映出繁殖者的專業。換句話說，尋求好的繁殖者和挑選好品質的小狗幾乎必須齊頭並進。

願意回答你擔心事項的繁殖者。在你對小狗敞開心房之前，當然要盡可能提高你和牠共度長久、健康一生的可能性。此外，長壽狗兒也是性情和訓練優良的表現，行為和性情有問題的狗通常活不久。

認養成犬也是不錯的點子

在你衝出去把小狗帶回家以前，至少考慮一下認養成犬有何優缺點是不錯的主意。

養小狗當然有許多好處，首先是你可以依照自己的生活型態，塑造出小狗的行為和性情，當然，前提是你知道如何訓練，你也有時間這麼做。

從芝加哥高地人道協會認養來的小小棕狗奧利佛，已經從「近完美狗兒」等級（NPD Status, Near Perfect Dog）畢業了。

但有時候你可能沒辦法這麼做。所以就很多方面來說，通過認證服從頭銜和通過狗狗好公民測驗的青春期狗兒或成犬，可能是較合適的同伴動物，尤其是家人幾乎都沒時間相聚的雙薪家庭。

此外，無論好壞，兩歲或年紀更大的成犬已經養成相當的習慣、行為模式與性情。特性和習慣可能隨時間改變，但是與行為尚未定型的小狗相較，成犬的良好習慣如同壞習慣一樣，都不太容易改變，因此，你可以試養收容所裡的成犬，再挑選一隻沒有問題且個性符合你喜好的狗兒。

從收容所或救援組織認養成犬其實是不錯的小狗替代方案，有些收容所的狗或救援的狗兒訓練良好，只是需要一個家。有些狗兒有一些行為問題，必須施予成犬的小狗補救教育；

兩歲被認養的「弱」威納犬小薯球獲得KPIX電視台晚間節目最蠢寵物把戲比賽第一名，也兩次在狗狗遊戲人犬華爾滋比賽中獲獎。

有些狗是純種，大多都是混種犬。想找一隻好的收容所狗兒或救援狗兒，關鍵在於挑選、挑選，再挑選！花時間試養每隻候選狗，每隻狗都是獨一無二的。

收容所的狗都曾是完美小狗

如果你依然想飼養及訓練小狗，確保自己事先做足功課，在你已經學會如何飼養與訓練小狗之後，再去尋找狗狗。記住，只要幾週時間，就會毀了原本完美的小狗。試著問問自己：「收容所的狗從哪裡來？」所有收容所的狗都曾經是完美的小狗，卻因為養成了惱人的行為、訓練及性情問題，才被丟掉或棄養，這純粹是因為牠們的飼主不知如何訓練。

一歲時從舊金山SPCA被認養的大型棕紅犬克勞伊，依然在受訓中，但是牠會為了吃生菜而漂亮地坐下！

底下一系列問題明顯可期：初期過多的自由及太少的監督和教育，讓新來的小狗只學會啃咬東西、在屋裡四處便溺，飼主企圖管理這些常見而可預見的問題，因此把小狗放逐到屋外，於是牠很快就變得缺乏社會化，發展出其他惱人習慣，例如：吠叫、挖洞和逃家。另一方面，狗狗日復一日處於社交孤立的情況之中，一旦被帶進屋裡，往往變得過度興奮，激動地跑來跑去、吠叫、撲上去歡迎牠好久不見的人類伴侶。很快地，這隻過度不受控制的狗狗就不再被允許進入屋裡了。這隻狗狗若不是在逃出單獨監禁的環境後被動物管控人員捕捉，就是有鄰居抱怨牠過度吠叫而被關入車庫或地下室，而且這些多半只是暫時措施，直到這隻現在沒人要的青春期狗兒被棄養到收容所或丟掉，牠才不過快六

十歲時從安樂死針筒前被救回來的老艾西比，在鳳凰別墅舒適地度過晚年。

個月大。

所有行為、性情和訓練的問題都明顯可預見，也極易預防。多數存在的問題都很容易就可以解決，教育就是關鍵。

無論你決定飼養小狗或認養成犬，請讓你的小狗或你的成犬結紮，沒人要的狗實在太多了，每年有數百萬的狗被安樂死，請不要增加這個數目。

採買物品清單

一旦你完成自己的養狗教育，為未來小狗採買的時間就到了。訓練書籍、寵物店和狗狗產品目錄展示了極多的產品和訓練器材，令人眼花撩亂，我列出一些個人偏好的必需品清單供參考：

1. **書籍和DVD**，有關幼犬訓練、預防行為和性情問題（請見三〇九頁）。

2. **狗籠**，運動圍片或嬰兒柵欄。
3. **啃咬玩具**，供填塞飼料零食（至少六件）。
4. **狗狗廁所**（可自製，請見九五頁）。
5. **水碗**，等小狗完成社會化、訓練良好且非常適合你時，再買狗碗。
6. **狗食，乾飼料**。小狗剛到家的第一週，確定牠的食物都塞在啃咬玩具裡，或者用來作為社會化及訓練的誘導物和獎勵。
7. **冷凍乾燥的肝臟或肝臟口味的餅乾**，讓男人、陌生人及小孩獲得小狗的信任，或作為大小便訓練的獎勵。
8. **八字項圈和牽繩**，或許加一條 Gentle Leader（普立爾產品）。
9. **幼犬訓練師**，開始尋找幼犬班。

第四課
評估狗狗

最佳上課時間：選定小狗以前

等你把新小狗帶回家時，牠差不多八週大，應該已經習慣了室內的居家環境，尤其是居家聲響，對人也已經有了很好的社會化，啃咬玩具訓練和基本禮儀也應該早已開始。

如果你的新小狗還做不到這種程度，牠在社交及心智發展上已經有嚴重的危機了，不幸的是，你必須在牠的餘生裡設法追上，牠會需要一段很長的時間來補救牠的社會化及訓練。

在家中出生的小狗，才是你尋找的毛小孩

確認你想養的小狗一直處在與人親密接觸的室內環境中成長，而且人們也已經花了很多時間教育牠。

這很明顯，如果你預期你的狗將與你同住屋內，牠當然得在有人的居家環境裡成長。你的小狗需要對居家日常生活有所準備：吸塵器的噪音、花瓶或鍋子掉落的聲音、電視上的球賽尖叫聲、小孩的哭鬧、成人的爭吵。在小狗的耳朵及眼睛依然在發育的期間，牠的視覺和聽覺還不是很好，接觸這些刺激可以讓牠逐漸習慣，否則牠長大後可能會受到驚嚇。

選擇一隻被隔離養大的小狗沒有任何好處，這類小狗被養在後院、地下室、車庫或犬舍裡，少有機會與人互動，也因此學會了在活動範圍內上廁所的習慣，還經常狂吠。成長環境與外界隔絕、而且被部分社交隔離的小狗幾乎無法接受家居生活，牠們絕對缺乏接觸男人或小孩的準備。養在後院和犬舍的小狗也當然不會符合寵物特質，牠們和小牛或籠內的母雞一樣是牲畜等級。去別的地方找吧！尋找在廚房或客廳等室內出生、養育的小狗。

再次強調，如果你想要一隻和你分享你家的伴侶犬，牠顯然應該在家中成長，而不是在籠子裡。

好小狗喜歡人的碰觸和擁抱

你想帶回家的小狗，對於你和你家人在內的陌生人碰觸應該感到完全自在。

照護小狗的必要工作之一，是經常讓不同的人，如小孩、男人及陌生人碰觸小狗，溫柔地對待並且安撫牠。這些練習在小狗出生後幾週尤其重要，特別是那些不喜歡被陌生人碰觸的犬種，例如某些亞洲犬種、許多牧羊犬種、工作犬種和㹴犬類犬種：換句話說，就是大多數犬種！

任何狗的第二個重要特質是喜歡與人互動，尤其是喜歡被任何人碰觸，特別是小孩、男子及陌生人，早期社會化可以輕易預防成年後的重大問題。

如果你想要一隻愛抱抱的成犬，從小狗時就必須經常抱牠。當然，新生小狗是相當脆弱無助的生物，牠們連路都走不了，感官也很受限，但牠們依然需要社會化。

新生的小狗很敏感，最容易留下深刻印象，這是讓牠們習慣被碰觸的最佳時期，牠們的視力和聽力可能不佳，但牠們有嗅覺和觸覺。也再次提醒，新生小狗和小狗早期社會化重要至極，務必溫和小心地進行。

- 詢問繁殖者每天有多少人會碰觸、抱抱、訓練小狗並和小狗玩耍。
- 特別詢問繁殖者有多少位小孩、男人和陌生人曾接觸過小狗。
- 摸摸抱抱小狗，看看牠是否喜歡被抱著（溫柔地限制活動），特別是當有人檢視狗狗的脖子周圍、口鼻、耳朵、腳掌、肚子和屁股時，觀察牠是否喜歡被撫摸。

同樣地，小狗在四週大時，對聲響就應該完全不會反應過度，牠的大小便訓練計畫也應該早就開始，牠最愛的玩具應該是塞著狗飼料的啃咬玩具，而且牠應該開心熱切地依召喚來到身邊、跟隨著人、坐下、趴下或翻滾。如果小狗還無法如此，牠不是學得慢就是有個差勁的老師，不管是哪個原因，換個地方找小狗吧！

聲音敏感度，判斷狗狗的社會化程度

在小狗眼睛和耳朵完全打開之前，就應該開始讓牠接觸不同聲響，尤其是對聲音敏感的狗狗，例如牧羊犬種和服從犬種。

小狗對聲響出現反應是相當正常的事，我們要設法評估的是牠的反應程度與恢復正常的時間。例如，我們預期小狗對突然、意外的聲響會出現反應，但是我們並不希望牠嚇得半死，因此要判斷的是小狗對聲響是否出現過度反應，以及牠花了多久才願意接近取食，那就是狗狗恢復正常所需的時間。

老大翻身法？

邪惡的訓練師會建議你抓住狗狗的兩頰，然後把牠翻倒，四腳朝天，強迫牠不得動彈，看看牠是否會掙扎，他們說這叫做老大翻身法（Alpha Rollover）。

這麼做既愚蠢又殘酷！

如果你在沒有預期下，突然被一隻九百公斤的狗抓住脖子，而且牠還惡狠狠地瞪著你的眼睛，你會有什麼感受？如果你沒有掙扎，你很可能已經嚇得全身無力、尿濕褲子了。

這種可笑的作法證實了當人類驚嚇小狗，牠們會害怕，而狗狗害怕時，若非掙扎，就是癱軟。

你當然需要判斷小狗是否能接受並喜歡被人碰觸或限制行動，但是沒有必要把牠嚇得半死。你只要把牠抱起來，抱在懷中，你很快就會發現牠是否很放鬆或者踢腳掙扎。如果小狗掙扎，輕輕抱住牠，同時在牠雙眼間輕撫，按摩牠的耳朵或胸部，牠很快就會安定下來。

你可以預期牛頭犬種幾乎不需什麼恢復時間，工作犬種及㹴犬類犬種的恢復時間很短，但你應該有心理準備，玩具犬種和牧羊犬種的恢復時間會比較長。然而，無論犬種或類型，過度反應、驚慌或恢復時間過長，都是缺乏社會化的證據，除非成功進行補救措施，這類小狗長大後可能極易有激動反應，很難共同生活。

- 詢問繁殖者該窩小狗對於居家聲響的接觸程度，牠們是否被養在室內？
- 詢問繁殖者，小狗是否接觸過突然的聲響或巨響，如成人爭吵、小孩哭鬧、運動頻道上男人的吼叫、收音機，或各種音樂，鄉村音樂、搖滾樂、柴可夫斯基一八一二序曲等古典樂。
- 評估小狗對各式聲響的反應：人們說話、大笑、哭泣、喊叫、口哨、噓聲或拍手。

觀察狗狗的居家規矩

詢問繁殖者小狗目前不出錯大小便訓練及啃咬玩具訓練的進度，設法觀察小狗至少兩個小時，注意每隻小狗咬什麼，在哪裡上廁所。

看看小狗是否有數個可以拿來填塞飼料的中空啃咬玩具，例如Kong、狗餅乾球或潔牙骨等玩具。

觀察小狗活動區域裡狗廁所的使用狀況。比較狗廁所內外的屎尿數目是個不錯的指標，可以讓你知道小狗到你家後會在哪裡上廁所。

如果沒有狗廁所，而且活動範圍裡鋪滿了報紙，表示小狗已經對於在紙上大小便建立了強烈的偏好，到了新家將需要特別進行大小便訓練。

此外，如果沒有狗廁所，而且整個區域全是乾草或碎紙，小狗等於已經學會了「可以隨處上廁所」，等牠們到了你家就會這麼做。狗狗在這類環境待得愈久，訓練定點上廁所就會愈困難。

小狗的基本禮貌與個人偏好

詢問小狗目前服從訓練的進度，請繁殖者示範小狗已知的基本服從行為，例如召喚、坐下、趴下和翻滾。

利用一些飼料和Kong玩具作為誘導和獎勵，評估每隻小狗對於誘導獎勵訓練的反應。

挑擇小狗時，經過全家人的同意極為重要。挑一隻全家人都喜歡、而且牠也喜歡全家人的小狗。全家人安靜坐下來，看看哪隻小狗先跑來接觸人，哪隻留在你們身旁最久。

真正的「小狗打招呼法」：撲咬與啃咬

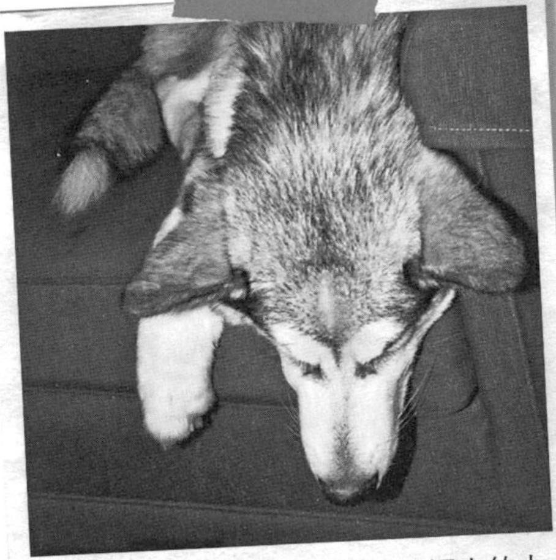

至少花兩個小時挑選小狗，八週大的小狗差不多每九十分鐘就會重複一次從極度活躍到筋疲力竭的循環，確認你觀察到了小狗所有行為。

長久以來的挑狗禁忌是：如果小狗很快接近人，撲上撲下還咬你的手，代表牠們有攻擊行為、也不易訓練，完全不適合當寵物。事實不然，這些都是八週大小狗社會化良好的正常行為，牠們只是以真正「小狗」的方式打招呼，少了禮貌而已。只要利用一些非常基本的訓練來轉移這些小狗開心的激動情緒，你將擁有幼犬班上最快學會聽從召喚、坐下和趴下的小狗。

此外，小狗啃咬不但正常、也絕對有其必要。事實上，小狗愈常啃咬，牠長大後咬得愈輕也愈安全，關於小狗的嘴勁控制請見第七課。

我比較擔心的是緩慢接近人或一直躲著的小狗狗，對於一隻社會化良好的六週到八週大小狗而言，羞於接近人絕對不正常。

如果小狗表現出害羞或害怕，牠無疑是缺乏足夠的社會化經驗。如果你真的想帶那隻害羞的小狗回家，只有在每個家庭成員都能誘使牠前來吃零食的前提下再那樣做。害羞的小狗代表你未來必須投入相當多時間照料牠，因為牠將需要每天從不同的陌生人手上餵食飼料，為了補足牠的社會化，往後一個月你絕對會有份量很重的工作得做。

結紮對狗狗才公平

當心那些想幫你決定小狗是否參加狗狗選秀或結紮的繁殖者。記住：小狗將和你一起住，養育狗狗是你的責任，牠是否參加選秀或是否繁殖，應該由你決定。狗狗結紮後，你還是可以和牠一起參與很多很棒的活動，包括服從競賽、人狗跳舞、敏捷賽、飛球賽、飛盤賽和搜救訓練等，當然也包括跟牠一起散步或去狗狗公園玩耍。

這些完全是你的決定，但請務必結紮你的狗狗，每年數以百萬計的小狗和年輕成犬在收容所裡被安樂死，這對狗狗一點也不公平，對

獨自成長的小狗

多數小狗在出生後兩個月內有充足的機會可以和同窩小狗玩耍，獨自成長的小狗和由人類撫養的小狗，則缺乏和同伴打著玩及咬著玩等充足玩耍的機會，因此教導牠們嘴勁控制就成了優先要務，只要小狗滿三個月，請馬上加入幼犬班，為了讓小狗發展並維持輕咬的嘴勁，玩耍和社會化都不可或缺。

愛好動物的收容所工作人員也不公平，請不要讓數字再增加。請帶狗狗去結紮。

上一隻狗≠新狗狗

◎「我們的上一隻狗完全值得信賴。」

你也許是剛好走運，挑了一隻生來完美的小狗，或者你可能是優秀的訓練者。不過，你還記得以前做了什麼嗎？你是否還有時間這麼做？

◎「我們上一隻狗最愛小孩子！」

家有幼兒的家庭很疼第一隻狗，會花很多時間在牠的訓練上，全家都參加幼犬班，還在家中舉行狗狗派對，邀請小孩的朋友前來，所以有許多小孩子都曾跟那隻狗玩遊戲、進行獎勵訓練，牠當然會很愛小孩子。

當狗狗驕傲地看著小孩長大，高中畢業，愉快地度過晚年。此時，父母親養了第二隻狗，而孩子們都已經離家，新的小狗在沒有小孩的世界裡成長。如此過了幾年都沒事，直到孫兒女出現。

別被這些說辭誤導了！

你要選擇一隻與你同住家中、能適應你生活型態的小狗，所以請確認小狗已經對日常居家生活做好準備，尤其適合你的生活型態。當心下列說法：

◎「我們還沒有教小狗坐下，因為牠是要參加狗狗選秀的小狗。」

基本上，這位繁殖者以為狗狗笨到無法分辨兩個簡單口令：「坐下」和「起立」。去別處找小狗吧！繁殖者自己願意和連坐下都沒學會的狗狗一起生活，不代表你就應該這樣！而且，如果小狗連基本禮儀都沒人教導，繁殖者沒有教牠的事可能還多著呢。

◎「牠是這窩小狗中膽子最小的。」

對於像你這樣的陌生人，同一窩的個別小狗當然會有不同表現，但任何一隻八週大的小狗都不應該害怕接近人類。在小狗四週大時，就該留意牠是否有對人恐懼或迴避的傾向，並且及早處理，害羞小狗更應該特別加強社會化。

當一窩小狗中出現一隻特別膽小的狗狗，顯示繁殖者並未謹慎評估每日的社會化工作，同窩的其他小狗可能都很好，但我建議你評估牠們的社會化程度時要特別小心。

如果你真的想挑戰

如果你想給自己一個訓練大小便的挑戰，就從鋪滿碎紙、乾草，沒有特定廁所的寵物店展示櫥窗裡，買來兩到三個月大的小狗，牠已經被訓練成隨時隨地大小便了，在你帶牠回家後，牠就會這麼做。有很長一段時間，你將會一直擦屎擦尿！

第五課

不出錯的大小便和啃咬玩具訓練

最佳上課時間：狗狗到家第一天起

別把家規當成祕密

你的新狗狗迫不及待想學習居家禮儀，牠想取悅人們，但牠必須先學習**如何**取悅。在小狗獲得在家裡自由活動的信任以前，必須有人教牠家規。

把家規當成祕密沒有意義，必須有人告訴小狗這些事，而那個人就是你。否則，你的小狗在尋找消磨一整天的方法時，將大肆發揮牠的想像力，在不了解狗狗居家禮儀的情況下，牠只好自己開發玩具選項與大小便地點。毫無疑問，牠會尿在櫃子裡或地毯上，你的沙發和窗簾將被牠視為用來破壞的玩物。

每個錯誤都可能成為未來的大災難，因為它象徵未來的更多錯誤。如果你允許你的小狗犯錯，壞習慣將很快就成為現況，並演變成如下窘況：你必須先打破壞習慣，才能教導好習慣。

從小狗到家第一天起就要開始教牠好習慣。請記住：好習慣和不良習慣一樣不易破除。最迫在眉梢的是，好好設計小狗的活動範圍，牠的大小便訓練和啃咬玩具訓練才不會出錯。

一 設計狗狗的活動範圍

限制活動範圍，是為了教導狗狗訓練自己

成功的狗狗居家教育意謂，透過限制活動範圍的方式，教導狗狗訓練自己，如此可以從一開始就避免狗狗犯錯，並建立牠的好習慣。當你不在或無法專心在狗狗身上時，限制牠的活動範圍可以避免牠搗亂，也協助牠學習表現適當行為。

小狗到家後的前幾週愈常被限制活動範圍，比如在圍籬或房間裡，等牠成犬之後就能享受更多自由；你愈能謹守下列限制小狗活動的規則，你的小狗將愈快完成大小便及啃咬玩具訓練，還有個附加好處是，你的小狗將迅速、安靜、平穩且快樂地學會安頓下來。

不在家時，這樣限制狗狗的活動範圍

讓你的小狗待在一個相當小的空間裡，例如廚房、浴室或洗衣房，或利用圍片在房間裡圍出一個小空間，這將成為長時間限制小狗活動範圍的地方。裡頭應該包括：

1. 舒服的床
2. 裝有清水的碗
3. 六個中空的啃咬玩具（塞有狗食）
4. 狗廁所（放在離床最遠的地方）

很顯然，一整天下來，你的小狗一定會想吠叫、啃咬及上廁所，所以你得留給牠能夠滿足牠需求的

你不在家時，把小狗限制在一個活動範圍裡，裡頭有舒服的床、水碗、塞了狗食的啃咬玩具和廁所。

東西，才不會讓牠到處破壞或造成困擾。你的小狗極可能會在離睡覺地方最遠的地方上廁所，那裡將成為牠的狗廁所。把所有可以咬的東西都收走，只留下塞有狗食的中空啃咬玩具，你將使啃咬這類玩具成為小狗最愛的習慣，而且是一個好習慣！

長時間限制活動範圍將讓你的小狗學習教會自己在適當的地點上廁所、去咬啃咬玩具，並且安靜休息。

在家時，這樣限制狗狗的活動範圍

長時間限制活動範圍的目的：

1. 把小狗限制在一個容許牠自由啃咬及大小便的範圍裡，這樣牠才不會在家中亂咬東西或隨處便溺。
2. 提高小狗學習使用指定廁所、咬啃咬玩具及安靜休息的可能性。

每小時短暫與小狗玩耍及進行訓練，如果你無法每分每秒都留意牠，請在有限制的範圍裡與小狗玩耍，裡頭要有合適的廁所和玩具。

或者，你可以採取短時間限制活動範圍的作法，在每次不到一小時的時間裡，把小狗限制在牠的小窩裡，例如運輸籠，每個小時把牠放出來，並趕快帶牠去上廁所。在這個短時間的活動範圍裡，同樣要有舒服的床和很多塞了狗食的啃咬玩具。

如果你的小狗在定點休息，觀察牠就容易一些。你可以移動籠子的位置，讓小狗與你待在同一房間裡，或者讓牠待在另一房間，讓牠開始準備面對偶爾獨自在家的情境。

如果你不喜歡把小狗關在籠子裡，也可以利用牽繩把牠綁在你的腰上，讓牠在你腳邊休

當你在家，把小狗關在狗籠中，裡頭放塞有狗食的啃咬玩具，每小時帶牠出來，到適當的地點上廁所，牠將在幾秒內就開始上廁所，最多兩分鐘。

息。或者，你可以在小狗的床邊、睡籃或墊子旁釘個掛勾，栓上牽繩。為了預防啃咬玩具滾到小狗搆不到的地方，也可以用繩子固定玩具。

是「你」讓小狗有機會犯錯

如果你遵照上述限制活動範圍的作法來預防小狗犯錯，並且督促牠教導自己居家禮儀，大小便和啃咬玩具訓練將進展得很快也很容易。但如果你沒照做，你可能會遇上麻煩。除非你喜歡麻煩，否則每當你讓小狗有機會犯錯時，你都應該訓斥自己。

大多數的狗籠都能移動，可以輕易移到不同的房間，這樣當你在家時，小狗將很快學會安靜休息，也會安靜地自得其樂，然後你也才能休息、自得其樂，在客廳看書、在餐廳吃飯或在電腦前工作。

短時間限制活動範圍的目的：

1. 將小狗限制在容許適當啃咬行為的區域，牠才不會在家裡亂啃東西犯錯。
2. 因為眼前只有啃咬玩具，而且裡頭塞了食物，可以讓小狗迷上啃咬玩具，也教會牠冷靜、開心地休息，定期出現安靜時刻。
3. 有效預防在家隨處便溺的錯誤，同時預測小狗需要上廁所的時間。

狗狗天生會避免弄髒自己睡覺的地方，所以把小狗限制在牠的床旁，將強烈抑制牠大小便的行為，這代表小狗每小時出籠時都需要上廁所，你也可以當場讓牠知道正確的地點在哪裡，在牠正確地上完廁所後獎勵牠。然後再和已經排完便、開心的小狗短暫玩耍或訓練一下。

二 狗狗的大小便訓練

抓準時間點，大小便訓練不出錯

隨處大小便其實是空間上的問題，因為排尿和拉屎是完全正常且必要的狗狗自然行為，只是發生在不適當的地點。

當小狗在適當的廁所地點大小便後，給予稱讚和零食，就可以快速、輕易地完成定點大小便訓練。一旦你的小狗理解到，自己的大小便等於是投入自動販賣機的硬幣，可以用來換取好吃的零食，你的小狗就會急著去適當的地點上廁所，因為在家中亂大小便不會帶來相同的附加效益。

亂大小便也是時間上的問題，在對的時間到了錯的地點：在忍不住屎尿時被關在屋內；

或在不對的時間到了對的地點：散步到屋外、院子裡，但沒有屎尿。

成功訓練大小便的要訣在於抓準時間點。事實上，有效的大小便訓練有賴於飼主預測小狗需要上廁所的時機，這樣才能把狗狗帶到適當的廁所地點，讓牠在對的時間到對的地點做對的事，再加以大肆獎勵。

通常，小狗小睡醒來後三十秒就會尿尿，差不多一兩分鐘內就會大便，可是誰有時間一直耗著等小狗睡醒上廁所呢？與其如此，更好的辦法是在你準備好且時間也適當時，由你來叫醒小狗。

短時間限制範圍提供了準確預測小狗何時需要上廁所的方便作法，把小狗限制在小區域裡將強烈抑制牠出現大小便的行為，因為牠不想弄髒自己睡覺的地方，於是一旦被放出限制範圍時，牠極可能會立即上廁所。

訓練大小便簡單三步驟

當你不在家、沒空或無法遵守下列步驟，讓小狗待在有廁所的活動範圍裡。

當你在家時：

1. 讓你的小狗關在籠子裡，或將牠栓在睡覺地點。
2. 每小時放牠出來，迅速帶牠跑去廁所，必要時牽著牠，讓牠上廁所，給牠差不多三分鐘時間。
3. 在牠上廁所後大肆稱讚，給牠三塊冷凍乾燥的肝臟零食吃，然後在屋裡和牠玩耍或訓練。一旦你的小狗可以外出，在牠上完廁所後就帶牠去散步。

大小便訓練問題總匯整

如果不出錯的大小便訓練這麼容易，為什麼許多飼主會遇上問題呢？以下是一些常見問題和解決方法，能有效幫助不出錯的大小便訓練。

◎為什麼要把小狗關在牠的窩裡？為何不關在活動區域裡？

短時間限制活動範圍讓你可以預測小狗何時想上廁所，這樣才能帶牠去適當的地點，讓牠可以在對的時間、對的地點、做對的事，並因而獲得獎勵。

在一小時的關籠期間，小狗躺著打盹作夢，牠的膀胱和腸子一定會逐漸變滿。一小時到了以後，你盡責地放出小狗，讓牠跑去屋裡或後院的廁所，牠很可能馬上就會解放。

知道小狗何時想上廁所的好處是，你可以選擇讓牠上廁所的地點，最重要的是，你才可以在小狗這麼做之後慷慨地獎勵牠。獎勵「上對廁所」是成功訓練定點大小便的祕訣。相反地，如果把小狗放在活動範圍裡，牠很可能會使用裡頭的狗廁所，但卻無法獲得你的立即獎勵。

◎小狗不喜歡進籠子怎麼辦？

在把小狗關進籠子以前，你必須先教導牠，讓牠喜愛牠的籠子，也喜歡被關籠。

你可以把狗狗的晚餐飼料全塞在 Kong 玩具裡，讓牠在籠子裡吃，這麼做，通常可以在一兩天內就讓狗狗喜歡待在籠裡。

以下方法效果更快，也很簡單。用飼料和一些零食塞滿一兩個中空的啃咬玩具，讓小狗聞聞再放入籠子裡，然後關上籠門，把小狗隔在籠外。通常只要幾秒鐘，小狗就會急著要你把籠門打開、讓牠進去了。不用多久，你的小狗就會在籠內開心地啃著玩具。

如果要把小狗長時間留在限制活動的範圍裡，把塞了食物的啃咬玩具固定綁在籠內，把籠門打開，這樣小狗可以選擇在這個小範圍裡探索，或是在籠內床上趴著，設法弄出啃咬玩具裡的飼料和零食。

基本上，啃咬玩具被固定在籠內，小狗可以自由選擇要進籠或出籠，多數小狗會選擇在籠子裡舒服地休息，以啃咬玩具作樂，如果你的小狗不是從碗裡吃飯，而是只從啃咬玩具吃

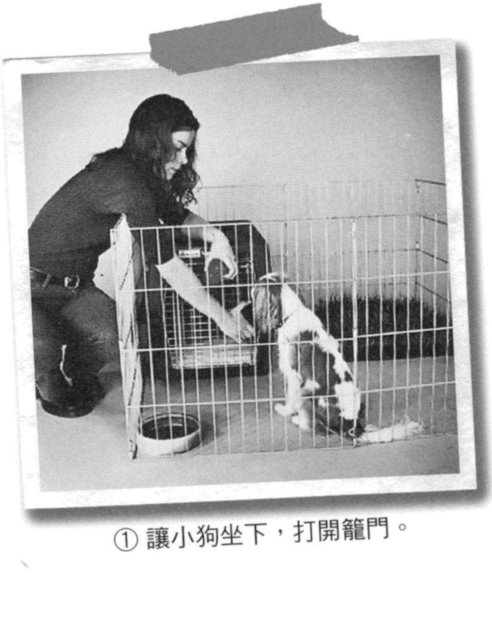

① 讓小狗坐下，打開籠門。

② 在籠子裡放個塞有食物的 Kong 玩具，把門關上，而小狗仍留在籠外。

③ 讓小狗想想這個兩難的情況——籠子裡有 Kong 玩具，而牠卻在籠外，過一會兒再打開籠門。

④ 小狗將熱切地衝入籠中，很快就趴下來享受牠的啃咬玩具。

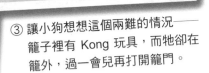

飼料，或訓練時以手餵食，這個方法會更有效果。若要採用這個方法，每天早上要把小狗一天應有的攝食量先區分出來，以免餵食過量。

◎如果我不喜歡把小狗關在籠裡呢？

無論是關進籠子或栓起來，短時間限制活動範圍都只是暫時的訓練措施，目的是為了協助教導小狗該去哪裡上廁所，以及該咬什麼東西。

狗籠是最佳的大小便訓練工具，協助你精確預測狗兒何時想上廁所，也是協助你教導小狗迷上啃咬玩具的最佳訓練工具。一旦你的小狗學會只在適當地點上廁所，只咬適當的物件，你就可以讓牠一輩子在家裡和花園裡自由活動。

你可能會發現，你家小狗只要幾天就愛上了牠的籠子，也會自願進去休息。狗狗自己的窩是安靜、舒適又特別的地方。

相反地，如果你一開始就讓小狗在無人監督的情況下在家裡亂跑，日後牠被關起來的機率就會很高。最初是關在院子裡，再來關到地下室，然後是收容所的籠子，最後是棺材。

隨處便溺和破壞亂咬無疑是終結狗狗生命的兩個最普遍原因，利用狗籠有助於預防小狗發展出這些問題。

◎為什麼不把小狗放在屋外，直到訓練好大小便的習慣呢？

誰會負責在屋外訓練你的小狗？樹叢嗎？如果狗狗被留在屋外沒人看著，牠將變成隨處大小便的無賴。基本上，你的小狗學到的會是「隨時隨地想上就上」，等你把牠帶進屋內時，牠可能也會這麼做。

長時間被留在屋外無人看管的小狗很少能完成大小便訓練。此外，牠們常變得愛亂叫，愛亂咬，愛亂挖洞，以及成為逃脫專家，而且牠們也比較容易被偷走。長時間在屋外的小狗在少數幾次被人帶進屋時，往往變得太過興奮，以至於再也不被允許進屋了。

◎為什麼是每一小時讓小狗出來一次？為什麼不是每五十五分鐘或每三小時？真的有必要在整點時這麼做嗎？

三週大的小狗膀胱可以憋四十五分鐘，八週大的可憋七十五分鐘，十二週大的可以憋一個半小時，十八週大的可以憋兩個小時。每小時把小狗放出來一次，可以讓你每小時都有一次獎勵牠定點上廁所的機會。

你不一定要精確到每小時做一次，但是在整點時這麼做，比較容易記得住。

◎為什麼要帶著小狗一起跑去廁所呢？為什麼不慢慢走過去？

如果你慢慢地帶著你的小狗走去廁所，你可能會發現牠在途中就大小便了，趕著牠快一點通常會刺激牠的膀胱和腸子，這樣等你讓牠停下來聞聞廁所時，牠真的會馬上就解放。

◎為什麼不把小狗放在屋外？讓牠自己上廁所？

牠當然可以自己來，不過預測小狗何時想上廁所的目的，就是讓你把牠帶到該上廁所的地方，並且提供牠理當獲得的稱讚和獎勵，這樣你家小狗才能學習你希望牠去哪裡上廁所這件事。

此外，如果你看見你家小狗上廁所，知道牠已解放乾淨，就可以讓牠在你的監督下探索一下家裡，再讓牠回到窩內。

◎為什麼要下口令叫小狗上廁所呢？牠不知道自己想上廁所嗎？

在小狗上廁所前給予口令，上完廁所後獎勵小狗，將教會小狗「聽口令上廁所」。當你和你的狗一起旅行，或遇到其他趕時間的情況，能聽口令大小便是個福利。要求牠「快一點！」、「可以解放囉！」、「去大號和小號吧！」或是其他社交上可被接受、委婉的如廁用語。

◎為什麼是三分鐘？一分鐘不夠嗎？

小狗從短時間的限制範圍放出來後，通常三十秒內就會尿尿，但可能要等一兩分鐘才會大便，給小狗三分鐘完成大小便當然有其必要性。

◎如果狗狗沒上廁所呢？

如果你牽著牠站著不動，讓牠繞著你轉圈圈，牠比較可能會上廁所。

如果小狗在規定時間內沒有上廁所，沒關係！讓牠回籠，半個小時後再試一次。不斷重複這個過程，直到牠上了廁所。久而久之，你的小狗終究會在屋外解放，你就能獎勵這個行為了。之後每小時帶牠去廁所時，牠就能馬上解放。

◎為什麼要稱讚呢？上廁所後的紓解感受，不就是足夠的獎勵了嗎？

在狗狗做對時稱讚牠，以這種方式表達你的情緒，比在牠做錯時訓斥牠好得多，**請務必好好稱讚牠是「乖——狗狗！」**。

稱讚狗狗不必感到不好意思，覺得不好意思的飼主通常會有狗狗隨處便溺的問題。好好地獎勵你的狗，告訴牠，牠做了件**最棒也最光榮的事**！

◎為什麼要給零食？只用稱讚當獎勵不行嗎？

兩個字：不行。

一般人無法有效稱讚，特別是許多飼主似乎無法真心誠意地稱讚狗狗，尤其是男性飼主。因此，提供狗狗一到三塊食物當作獎勵可能是個好主意，給狗狗的付出一些回饋！

「哇！我的主人好棒！每次我在屋外大小便，他就會賞我一塊零食，我在沙發上廁所時，從來沒得過好吃的零食，我等不及主人回家帶我去院子，這樣我就可以用屎尿換零食了！」事實上，為什麼不把一些零食放在狗狗廁所旁的保鮮盒裡，以方便拿取呢？

◎為什麼要用冷凍乾燥的肝臟零食呢？

大小便訓練是你應該盡最大努力的時候，相信我：進行大小便訓練時要使用零食界的法拉利：冷凍乾燥的肝臟零食。

◎每次小狗大小便，我們真的必須給三塊肝臟零食嗎？這有點龜毛吧？

前者答案是「沒錯！」，後者答案是「錯！」。

你當然不用每次都給三塊，但有趣的是：如果我建議別人，每次狗狗在對的地方很快上廁所就給一塊零食時，他們很少聽我的話。然而，每當我建議要給三塊零食時，他們就會精心數出三塊零食拿給狗狗。

事實上我想說的是：每次狗狗在指定位置大小便，就要慷慨地給予稱讚並獎勵狗狗。

◎為何要和小狗在室內玩呢？

如果你已經獎勵狗狗使用廁所，清楚知道牠已經排泄乾淨了，有什麼時刻比此時更適合在家裡和狗狗玩或訓練牠，又不必擔心弄髒家裡呢？要是不能和狗狗共度一些有品質的時間（還不用清大便），為何要養狗呢？

◎小狗已經上過廁所了，為什麼還要帶牠出外散步？

許多人會落入一種想法，帶狗狗出門或散步好讓牠上廁所，等牠一上完廁所就帶進屋內或回家。

通常只要這樣做一兩次，狗狗就會學習到：「只要我的屎尿一落地，我就不能再散步了！」結果狗狗就愈來愈不想在外頭上廁所，所以在長時間閒晃玩耍或散步回到家以後，牠就會急著上廁所，於是就這麼做了。比較好的作法是在狗狗使用狗廁所後稱讚牠，然後帶牠去散步，作為上廁所的獎勵。

你要養成的習慣是，帶狗狗去狗廁所，不管是在院子裡或公寓前的路邊，然後站著不動等狗狗上廁所，當牠上完廁所就大力稱讚牠，給牠肝臟零食，告訴牠：「乖狗狗，我們去散步！」然後清理善後，帶牠去散步。

這種「不大便，不散步」的簡單規定只要施行幾天，你會發現，狗狗很快就會完成如廁這件事了。

◎我每項都做了，但狗狗正在犯錯，怎麼辦？

把報紙捲起來，好好打自己！

你顯然沒有照上述指示做，是誰讓屎尿滿滿的狗狗在家裡自由活動呢？就是你！

如果你逮到狗狗在犯錯並因此訓斥或處罰牠，狗狗只會學到「躲起來上廁所」。也就是說，牠不會在無法信任的你面前上廁所，你反而製造了「你不在牠就會亂大小便」的問題。

若你逮到狗狗在犯錯，由於是你的錯，你眼下能做的頂多是很快輕聲催促牠：「去外面！去外面！去外面！」以聲音的語調和急迫，向狗狗傳達你想要牠快去做某件事，話裡的意義則告訴狗狗該去哪裡。你的反應對於當下的錯誤影響有限，但有助於預防未來的錯誤。

每當整點，帶你的小狗去院子裡或長時間限制活動範圍裡的暫時狗廁所，並在牠一上完廁所就大加獎勵。

絕對不可以用沒有教導意義的方式訓斥狗狗，沒有關連性的訓斥只會製造更多問題，會導致你不在場才發生不良行為，而且也會嚇到狗狗，破壞狗狗和你之間的關係。

你的狗狗並不「壞」，相反地，牠是隻好狗狗，只是因為牠的飼主，也就是你，不能或不願遵從簡單指示，牠才被迫出現不良行為。

請重新讀一次上述指導原則，並且遵守它們！

製作最佳狗狗廁所

最好的方式，是在一個尿盆或一片油布上，鋪上狗狗日後將當成廁所的材料。例如，鄉下及郊區的小狗以後會被教導在泥土或草地上廁所，所以可以在狗廁所上鋪一層草皮；城市的小狗以後將被教導在路邊上廁所，所以可以在狗廁所鋪上兩塊薄薄的水泥磚。很快地，你的小狗將對類似的戶外地面材質，發展出強烈的天生偏好。

如果你的後院有讓狗上廁所的區域，除了屋內的狗廁所以外，每當你讓狗狗離開狗窩時，就把牠帶到院子裡的廁所區域。如果你住在沒有院子的公寓裡，教導你家小狗使用屋裡的廁所，直到牠滿三個月大可以外出為止。

訓練狗狗使用戶外廁所的祕訣

剛開始訓練的前幾週，牽著小狗到屋外，很快跑到廁所區域，然後**站著不動**讓牠繞圈圈（繞圈圈是狗狗上廁所前會出現的正常行為），每次狗狗在指定地點上廁所就獎勵牠。如果你家有個圍籬院子，你可以帶狗狗到院子裡，放開拉繩，讓牠選擇喜歡上廁所的地點。

務必確保依照狗狗上廁所的地點給予獎勵，例如：到屋外很快就上廁所，給一塊零食；在接近指定點五碼內上廁所，給兩塊零食；在兩碼內給三塊零食；在指定點上廁所給五塊零食，依此類推。

三 狗狗的啃咬玩具訓練

為了狗狗好，請給牠啃咬玩具，讓牠不再無聊！

狗兒是社會性動物，而且好奇心很重，牠需要有事情做。如果牠被留在家中獨處，你希望牠做什麼？玩填字遊戲？縫紉編織？還是看偶像劇？你必須提供一些活動讓狗狗消磨一整天的時間。

如果你的小狗喜歡上玩啃咬玩具，牠會很期待趴下來好好享受啃咬玩具。教小狗享受啃咬玩具，而不是去啃家中用品是很重要的。

教導狗狗迷上啃咬玩具除了可以預防牠破壞家裡，也可以預防牠無聊時亂叫，因為啃咬和吠叫顯然是無法同時發生的行為。而且愛上啃咬玩具有助狗狗學習安定休息，因為啃咬和到處亂跑也無法同時發生。

啃咬玩具對於有強迫症的狗尤其有用，因為它提供了狗狗一個可接受且方便的方法紓解牠們的強迫症狀。你的狗可能還是有強迫症，但是迷上啃咬玩具的狗狗會開心執著地以啃咬玩具來消磨時間。

最重要的是，啃咬玩具讓狗狗有事做，也有效避免小狗發展出分離焦慮。

把狗狗的晚餐放在啃咬玩具裡

為了讓狗狗迷上啃咬玩具，最有效的作法是在牠的啃咬玩具裡塞入飼料和零食。事實上，在小狗剛到你家的前幾週，最好把牠的狗碗收起來，除了拿部分飼料作為訓練的誘餌和獎勵之外，把所有剩餘的狗飼料都塞入啃咬玩具裡給牠。

習慣上，人們會在晚餐時間餵食狗狗一天的攝食量，這常會變成獎勵牠們激動亂叫且興奮狂跳的大獎。除此之外，如果你讓狗狗從狗碗裡狼吞虎嚥

發出怪聲的玩具在訓練時是極為有效的誘餌和獎勵，但它不是適當的啃咬玩具！
這類玩具不但會被咬壞、也會被吃下肚。在無人看管下讓小狗玩容易被破壞的有趣東西，可能很快就讓牠變成會亂咬東西的破壞大師。

地吃完晚餐，牠接下來極可能不知道如何度過其他時間。

在野外，一隻狗醒著的時間有九成拿來尋找食物，所以就某種意義來說，定時在碗裡放飯剝奪了狗狗的主要活動——尋找食物，於是你好奇的小狗就會整天設法找樂子做，最有可能想到的就是，牠會選擇搗蛋等不良行為作為消遣。

狗碗餵食法剝奪了狗狗存在的理由

無庸置疑，定時用狗碗餵食新來的小狗或成犬，是照顧及訓練狗狗時最大的錯誤。雖然不是故意造成的，但這種狗碗餵食法大大不利於培養小狗的居家禮儀和滿足感。

就某方面來說，以碗餵食剝奪了狗狗**存在的理由**，使牠失去了存在的意義，花了短短幾秒吞下一餐後，這隻可憐的狗狗就得面臨一整天心智空虛、無所事事的情況，只剩下漫長的時間讓牠擔心、苦惱或瞎鬧抓狂。

一隻無聊的狗，就是下一隻問題狗

小狗為了填補空虛會想辦法適應，因此像是啃咬、吠叫、漫步、理毛和玩耍等正常行為，就會變得重複、刻板且適應不良。特定行為的出現頻率會因而提高，直到這些行為不再具有實質功能，只能用來打發時間。

舉例來說，原本用於探索調查的啃咬行為變成破壞性的啃咬，警示吠叫變成持續不停的吠叫，來回漫步變成重複性的踱步或折返跑，檢視陰影或光亮變成像是強迫症，例行的理毛變成過度舔舐、搔抓、追尾巴、頭頂牆，極端時甚至會自殘。

刻板行為會釋放腦內啡，導致狗狗持續重複行為。就某種意義來說，狗狗就像藥物成癮，上癮於無意識的

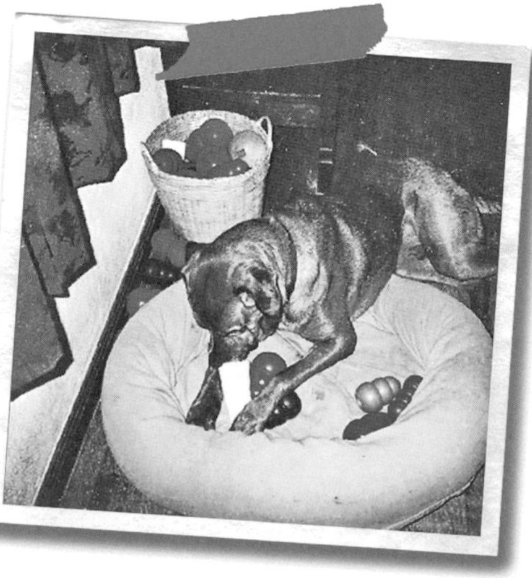

啃咬玩具應該幾乎無法破壞，以橡膠或骨頭等天然材料製成，而且是中空、可填塞食物的。把飼料穿插零食填塞於啃咬玩具中，可以讓小狗專心於取出食物，而不是摧毀玩具。

可以填塞食物的啃咬玩具能延長使用壽命，最棒的啃咬玩具是Kong 玩具、狗餅乾球、松鼠玩具等。

重複活動，刻板行為就像得了行為癌症，它的發生頻率逐漸增加，迫使狗狗大多數適當有用的行為反應為之消失，直到這隻「腦死」的狗最後只是一直重複地吠叫、踱步、啃咬自己或發呆。

小狗早期教育的關鍵之一，在於教育狗狗如何平和地度過一天。採取飼料只放在中空啃咬玩具的餵食方式，可以讓牠開心地忙上好幾個小時都很滿足。這個作法讓小狗專注於好玩的活動上，不會沉浸在孤單中，每顆滾出的飼料也可以獎勵牠安靜休息、啃咬適當玩具，並且不亂吠叫。

這樣做，讓狗狗愛上啃咬玩具

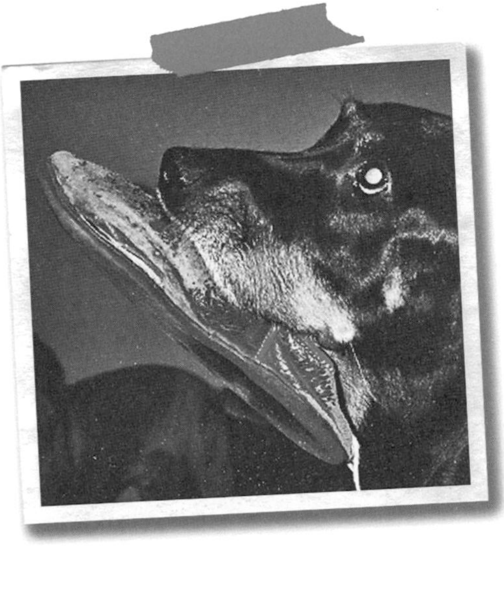

一旦你的狗學習到特定的啃咬玩具是唯一適當的啃咬玩具，你可能就可以信任牠會玩拋撿，或是把玩其他物件。狗狗艾文是鞋痴，牠喜愛撿回拖鞋和鞋子，咬著它們走來走去，和它們睡在一起，但是牠從來不會咬壞鞋子，而且有人亂放時牠一定找得回來。

為了執行不出錯的啃咬玩具訓練，請謹守前述限制狗狗活動範圍的規則。你不在家時，把狗狗留在長時間限制活動範圍的區域裡，並在裡面留下床、水、廁所和很多塞了食物的啃咬玩具。

如果你在家，讓狗狗待在牠的小窩裡，並放入很多塞了食物的啃咬玩具，每小時放牠出來上廁所後，讓牠玩玩啃咬玩具，例如尋找啃咬玩具、丟撿啃咬玩具或拿啃咬玩具拔河，小狗很快就會對啃咬玩具發展出強烈的把玩習慣，因為你限制牠只咬得到這類適當的玩具，而且還在裡頭加上飼料和零食，使啃咬玩具變得更具吸引力。

一旦你的狗迷上啃咬玩具，而且至少有三個月沒有發生亂咬東西或隨處大

狗狗到家後的最初幾週，除了在你訓練牠或與牠玩耍的時間之外，確保牠總是留在牠的長時間或短時間限制活動範圍裡，裡頭唯一可咬的東西就是塞了飼料和零食的啃咬玩具。

小便的意外，你就可以擴大狗狗的活動範圍到兩個房間，之後每個月只要狗狗都沒出錯，你就可以再增加一個房間，直到牠獨自在家時可以在整個房子和庭院裡自由活動。

如果發生亂咬東西的情形，把活動範圍回復到原先長時間限制活動範圍的大小，並至少維持一個月。

仔細挑選適合的啃咬玩具

啃咬玩具是讓狗狗啃咬，但牠無法破壞也沒辦法吃下去的東西。

如果你的狗破壞了某樣東西，你必須花錢再買一件來取代它；但如果你的狗吃了某個東西，你極可能得找另外一隻狗來取代牠。因為吃了不該食用的東西，對狗狗的健康有極大的危害。

選擇哪一類的啃咬玩具取決於狗狗的啃咬習慣，以及牠的個別偏好。我見過一些狗可以啃牛蹄或壓縮牛皮骨啃到天荒地老，但有些狗則在幾分鐘內就把它啃個精光。

我發現，Kong 玩具和普立爾（Premier）牌的啃咬玩具是啃咬玩具中的凱迪拉克，中空消毒過的長骨則是比數接近的亞軍。我喜歡 Kong 和消毒骨，因為它們是簡單天然的有機產品，不是塑膠製品，而且它們是中空的，可以塞入食物。你可以在寵物用品店買到 Kong 產品和消毒骨。

訓練零食別過量

在舊的啃咬玩具裡塞入食物，狗狗馬上會覺得它變得很新鮮、為它興奮。只要從狗狗的正常食量中，撥出部分飼料放在玩具裡，牠就不會變胖。

為了保護小狗的腰線、心臟和肝臟，盡可能減少訓練零食的用量很重要。把飼料作為基本禮儀訓練的誘餌和獎勵，並且把冷凍乾燥的肝臟零食保留在初期大小便訓練，以及遇見小孩子、男人和陌生人的表現訓練。

參考下文的作法，把冷凍乾燥的肝臟零食穿插在 Kong 玩具的飼料中，當狗狗行為表現特別好時，也可以作為偶爾出現的大獎。

填塞Kong啃咬玩具的原則與作法

填充Kong玩具的基本原則是，初期時，確保你的小狗一碰到Kong，馬上就有食物迅速滾出來；經過一段較長的時間後，食物每隔一點時間才滾出來，定時獎勵小狗持續啃咬玩具的行為；有些最棒的食物則永遠出不來，好讓小狗永遠不會失去啃咬的興趣。

在Kong一端的小洞裡，擠進一點點冷凍乾燥的肝臟零食，這樣你的小狗就永遠沒辦法把它弄出來了。在Kong內壁上塗上一點蜂蜜，填滿飼料之後，再以幾塊狗餅乾橫著擋住洞口。

Kong的基本填塞方法有各種可以發揮創意的變化，我最愛的作法之一是把小狗飼料弄濕，塞入Kong中，然後放進冷凍庫一夜，這樣就成了Kong冰棒！你的狗狗會愛死它。

啃咬玩具好處多

如果你從一開始就提供很多塞有食物的玩具來限制小狗的活動，啃咬這些適當的玩具很快就會融入狗狗每天的生活。你的小狗很快就會發展出大家都能接受的啃咬習慣。

請記住：好習慣和不良習慣一樣很難打破。你的小狗現在每天將會花很多時間，思考如何破解牠的 Kong 玩具。

想想看，如果小狗安安靜靜地咬玩具，牠將不會做哪些不好的事呢？

牠不會去咬不當的家庭日用品；牠不會無聊地叫著玩，陌生人到訪時牠依然會吠叫，但牠不會整天為了吠

Kong 是王道！

叫而吠叫；被留在家中獨處時，牠也不會跑來跑去，感到煩躁，讓自己變得激動不安。

教導小狗享受啃咬玩具還有一大美事：這項活動不會和許多令人極為困擾的小狗行為同時發生。塞有食物的 Kong 是狗狗最佳紓壓工具之一，尤其對於有焦慮或有強迫症的狗狗而言，你找不到別的東西可以這麼簡單容易就避免或解決很多不良習慣或行為問題。此外，讓狗狗玩玩具，也是讓飼主紓壓的最佳方法之一。

四 狗狗的休息訓練

教會狗狗「休息時間」的概念

幼犬教育的優先項目之一是教導牠們有玩耍的時間，也有安靜休息的時間。你尤其需要教導小狗短暫休息並且安靜一段時間，這樣你的生活才會平靜一點，小狗一旦學到「經常短暫安靜休息」是新家的遊戲規則，牠的生活也比較不會那麼有壓力。

特別當心落入問題情境：在小狗到家後的最初幾天裡，不要讓新狗狗一直沉浸於時時有人關注與過度的熱情之中，因為當晚上大家睡了，牠得獨處時，或白天你去上班小孩去上課，沒人在家時，牠將哀鳴、吠叫並感到煩躁。牠當然會感到孤單啊！這是牠第一次獨處，身邊完全沒有狗媽媽、同窩小狗或人類陪著。

狗狗必學的一課：冷靜休息

你可以實際協助小狗紓緩焦慮，作法是在牠剛到家的最初幾天，讓牠

吉娃娃小狗很少是破壞好手，但是牠們絕對很會亂叫，塞了食物的 Kong 玩具將教會牠很快地安定下來，冷靜休息。

習慣獨處休息。請務必記住：第一印象非常重要，而且將永久留存。還有，一般看門狗很可能得獨自度過數小時或數天，所以非常值得好好教導牠們自己消磨時間，否則牠們獨處時可能變得焦慮，發展出亂咬、亂叫、亂挖，以及逃脫等很難改掉的習慣。

我當然不是鼓吹讓小狗長時間獨處，不過現代生活的事實是，許多狗狗飼主得出外工作，因此讓小狗對此有所準備，才算公平。

教導狗狗獨處時也能自得其樂

你在家時，把小狗限制在放有很多啃咬玩具的窩／籠子裡，進行大小便訓練、啃咬玩具訓練，並教牠安靜開心地休息。為了教導小狗獨處時可以自得其樂，當你人在家時，短時間限制小狗活動範圍非常重要。

短時間限制活動範圍是一個關鍵，這樣做的目的並不是把狗狗關上很久，而是教導牠在各種情況下都能很快地安定下來休息，而且可以在大部分相當短的時間裡被限制活動。

確保狗狗只拿得到塞了食物的啃咬玩具。因為沒有其他可咬的東西，狗兒會先發展出對啃咬玩具的強烈啃咬習慣。我再重複一次：開心忙著咬啃咬玩具的小狗，不會破壞家中物品和家具，也不會亂叫。

若你在家，偶爾把小狗限制在牠的長時間限制活動範圍裡，同樣是個好主意，這可以讓狗狗練習習慣你不在眼前，你也可以監測牠的行為，稍微了解一下你不在家時牠會如何反應。

別隨便丟狗狗在家獨處！先訓練！

所有飼主都會發現，偶爾得把小狗留在家裡。也因此，在把小狗長時間留在家裡以前，你應該教牠在

為了讓你的小狗習慣在沒有牽繩的情況下冷靜休息，把塞了食物的啃咬玩具用繩子固定在牆上，靠近狗床和電視，讓你可以在看電視的同時看著小狗在做什麼。請務必記得：小狗依然需要每小時帶去上一次廁所。

獎勵狗狗的「安靜」

如果你的小狗被關在短時間或長時間限制活動範圍裡時吠叫或哀哭，利用獎勵訓練牠安靜休息。

坐在小狗籠子旁或長時間限制活動範圍外，讓自己忙於看書、打電腦或看電視，當狗狗發出叫聲時完全忽略牠，但每次牠停止吠叫，馬上冷靜地稱讚牠，給牠一塊飼料，約五～六次之後，逐步等安靜久一點點才給予飼料獎勵，從兩秒、三秒、五秒、八秒、十五秒、二十秒……。之後，如果小狗安靜休息，每隔幾分鐘就稱讚並獎勵牠。

家獨處時如何自己找適當的樂子。例如：啃咬塞有食物的啃咬玩具，學習自得其樂，不焦慮或緊張。狗狗是高度社會性的動物，在牠被社交隔離和限制在某個範圍獨處之前，你必須給牠充足的準備。

想教小狗在你不在家時穩定且安靜地休息，得從你還在家時就開始利用啃咬玩具教牠。狗狗並不是電視或遊戲機，你無法讓精力旺盛的小狗拔掉插頭或暫時拿掉電池，相反地，你必須教導牠休息與安靜。

一開始就在小狗的每日活動行程中頻繁安排休息時段，遵照限制活動範圍的時間表有助於讓小狗訓練自己休息。此外，鼓勵小狗在你身旁休息愈來愈久的時間，舉例來說，你在看

電視時，將小狗栓在一旁或讓牠在籠子裡趴下，只在廣告時間讓牠出來玩一玩或訓練一下。

和小狗玩遊戲時，每一兩分鐘就安排牠短暫休息一下，起初讓小狗趴下不動，幾秒鐘後再開始玩，一分鐘以後中斷遊戲，休息三秒鐘，然後試試四秒鐘，然後五秒、八秒、十秒，依此類推。剛開始時，來回不斷地「休息！」或「來玩吧！」並不容易，但小狗很快就會學到「開心休息」這件事。你的小狗將學會，有人要求牠休息不是世界末日，遊戲也不一定結束，「休息」代表准許牠繼續遊戲前的短暫停止和獎勵。

懂得「休息」指令的狗＝最佳良伴

如果你能教小狗聽從指令變得安定自制，你們未來將有很多好玩又令人興奮的時光。一旦牠學會聽從指令休息和安靜，你可以和牠一起開心做的事將多到數不完。訓練良好的狗狗很可能經常受邀去散步、兜風、野餐、去酒吧或是去祖母家，甚至參加超棒的旅行，入住對狗狗友善的豪華旅館。

相反地，如果你讓狗狗在小狗時隨便亂玩，牠長大後毫無疑問也會隨便亂玩，並且變得過動又無法控制，因為就是你教會牠這麼做的。如果你的小狗在青春期之前，沒有人教會牠休息，牠將無法被帶出門，當其他家人出外享受美好時光時，牠卻得在家裡度過禁閉隔離的一生，這十分不公平！

在你完成讓小狗愛上在家獨處的訓練之前，你可以請狗保姆來陪牠，例如，假使你家附近有喜歡狗但沒辦法養狗的鄰居老先生，他也許願意白天到你家坐下來看電視，或享受你家冰箱裡的東西。請他維持小狗的限制活動範圍時間表，經常獎勵小狗使用狗廁所，按時陪小狗玩並教導牠居家禮儀。

克勞德容易焦慮，又是亂啃亂咬的破壞高手，在牠被認養後的前十天，牠的飼料全放在玩具籃裡的啃咬玩具中。

妥善處理分離焦慮

你在家時維持小狗的限制活動範圍時間表，可以讓小狗做好準備，在你離家時仍能保持安定。如果你在家時，允許小狗隨時隨地接近你，很快就會變成鼓勵牠過度依賴。而過度依賴，正是狗狗在家獨處時焦慮不安最常見的理由。

盡可能教導你的小狗自得其樂、建立自信與獨立，一旦你的小狗能夠自信放鬆地獨處，你在家時就可以讓牠隨意黏著你。

在每次一小時的短時間限制範圍訓練階段，當你讓小狗留在籠裡時，特別留意房裡沒人時牠會怎麼樣。例如：你在廚房煮飯時，按時把狗狗關

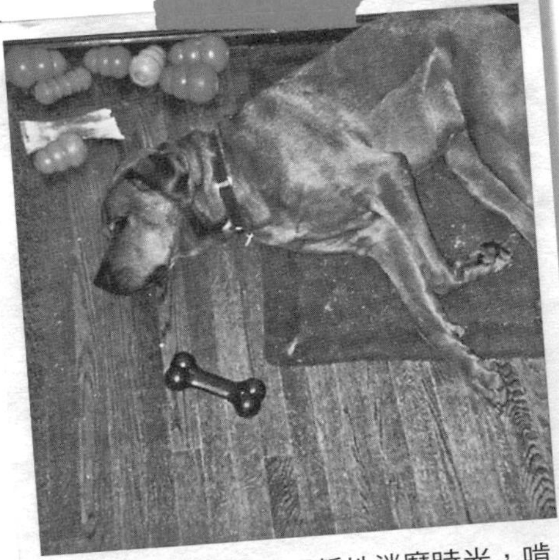

在家獨處的克勞德平靜地消磨時光，啃咬 Kong 玩具啃到睡著。

在餐廳的籠裡，等全家人在餐廳用餐時，再把關在籠裡的小狗連同籠子一起移至廚房。

最重要的是，當你在家時，務必讓狗狗熟悉長時間限制活動範圍——小狗遊戲間。人在家時把小狗放在限制活動範圍裡，可以讓你監測牠被關起來時的行為，也可以不定時去看看牠的狀況，如果牠保持安靜，你就安靜地獎勵牠。如此一來，你的小狗就不會把被關起來和沒人在家聯想在一起，反而會期待留在遊戲間和特別玩具消磨時光。

讓小狗獨處時，給牠很多玩具，最好的啃咬玩具是咬不壞而且中空的，比方說 Kong 的產品，或是殺菌過的長骨，因為它們可以填入飼料、穿插零食，並不時掉出來獎勵小狗啃咬玩具的行為。如果你的小狗忙著從啃咬玩具獲得好處，就比較不會因為你不在而焦慮不安。

離家前，先為你的毛小孩布置好環境

確認你在啃咬玩具裡填塞了飼料和零食，也確認你在每個 Kong 玩具的小洞或骨頭深處塞了塊冷凍乾燥的肝臟零食，先把這些美味的玩具放入小狗的長時間限制活動區，再關上門，把小狗關在門外！當你的小狗哀求你開門時，讓牠進去再關上門，打開收音機或電視，然後安靜離開。每一顆從啃咬玩具裡掉出來的飼料，都會加強小狗的啃咬行為，牠會持續啃咬，設法吃到那塊肝臟零食，直到睡著為止。

此外，把收音機打開，聲音將提供背景噪音，掩蓋外頭的吵擾聲，收音機的聲音也有安撫作用，因為它通常和你在場時有關聯。我的阿拉斯加雪橇犬菲尼克斯相當偏好古典音樂、鄉村音樂以及卡利索民謠；奧索則偏好電視，尤其是ＥＳＰＮ運動台和ＣＮＮ新聞台，或許男人的聲音具有安撫作用？

返家時，讓你的毛小孩來個大驚喜

在小狗叼來啃咬玩具前，不要以稱讚或撫摸來確認牠的存在。一旦牠叼來啃咬玩具，馬上用筆把裡頭牠一直弄不出來的肝臟零食推出來，這會讓你的小狗驚訝不已。

狗狗是活躍於晨間和傍晚的動物，相當能接受整天或整晚睡覺。牠們有兩個活躍的高峰期：日出與日落，因此大多數的啃咬及吠叫活動，可能會發生在你早上離開小狗後，以及傍晚即將返家前。如果你留下很多填塞好的啃咬玩具給小狗，並在返家時給牠那塊玩具裡弄不出來的零食，將使牠在活動高峰期設法去找啃咬玩具。

別讓情況演變成兩極化行為

你在家時過度給予小狗關注及熱情，將使牠在你離家時非常想念你。你在家時有大量關注，你不在時全無關注，這種落差極大的環境很快會造就出兩極化的小狗。你在家時，牠表現出完全自信，一旦你不在家，牠就變得崩潰、恐慌。

許多被認為是分離焦慮的症狀，其實是狗狗因為訓練不足，又在無人看管的狀況下被准許在家裡自由活動，還遇上飼主留下的誘人事物。

如果你讓小狗依賴你的存在，你不在時牠就會變得焦慮不安。狗狗焦慮症對你或小狗都是壞消息，狗狗若處於緊張壓力之下，比較可能會大肆出現不良習性，例如隨處大小便、亂啃亂咬東西、挖洞、吠叫，焦慮也絕對會讓你的狗感到不愉快。

小狗到家後的最初幾週，經常把牠和塞了食物的啃咬玩具限制在某個範圍裡，對於小狗發展出自信和獨立性有其必要。一旦你的小狗無論在什麼時候獨處都能開心地忙著玩啃咬玩具，你就可以讓這隻行為良好、有自信的狗狗和你在一起，隨牠開心待多久就待多久，不必害怕你不在時牠會變得焦慮。

真的是分離焦慮嗎？

兩隻米格魯犬急著想從無人看管的客人包包裡拿出東西。

飼主不在家時狗狗的「不服從行為」，以及在家到處破壞的行為，多半完全與分離焦慮無關。事實上，比較符合的形容詞可能是「分離紓發」（separation relief）。

狗狗只有在飼主不在家時會亂啃東西、亂挖、吠叫和隨處大小便，這是因為牠已經學會，在飼主在家時用這些行為來消磨時間太笨了。

飼主不在時才出現的不良行為顯示：飼主曾經試圖以處罰來壓抑狗狗正常、天生的行為，卻沒有教過牠該表現什麼行為。也就是說，如何以能被接受的方式表達牠基本的狗狗需求。「分離焦慮」這個詞，通常只是狗狗尚

美好週末，憂鬱週間

雖然週末獲得的關注和熱情很美好，但是等到週一爸媽去上班、孩子去上學，你的新小狗將會非常想念家人。無論如何，週末期間你絕對應該常和小狗玩耍或訓練，但也要經常安排安靜時光，讓小狗為孤單的週間作準備。

未完成大小便訓練或啃咬玩具訓練的藉口。

睡覺也是要訓練的

幫小狗選擇晚上的睡覺地點時，不論你想要牠在長時間限制範圍裡過夜，或在廚房的狗籠內，或是你的臥室內，都沒有關係，就算你想把狗狗栓在你臥室床旁的狗床邊也可以。重要的是，把小狗限制在小範圍內，讓牠很快地安靜休息，給牠一個巧妙塞好食物的啃咬玩具，牠很可能咬一咬就睡著了。

白天就練習讓狗狗在你的床邊，或任何你希望牠晚上睡覺的地方冷靜休息。讓小狗習慣在你上床前就獨自平靜入睡。

一旦你的小狗完成大小便、啃咬玩具訓練，也學會很快地安靜下來休息，你就可以讓小狗選擇牠想睡覺的地點，無論是屋裡、屋外、樓上、樓下、臥室或你的床，只要你對牠的選擇沒有意見都行。

在你醒著且心情很好的白天裡訓練狗狗夜晚的入睡儀式是個好主意，不要等到你很累想睡了，而且腦子幾乎無法運作時才訓練牠。白天時練習，讓牠在自己的狗床或籠子裡休息，有時你在同一房間，有時在另一房間，讓牠習慣獨自睡覺。

正確安撫睡不著的小狗

如果小狗晚上哭叫，每五分鐘去看牠一次，輕聲對牠說說話，溫柔摸摸牠，一分鐘後再回床上。不要做得過度，這麼做的目的是安撫小狗，不是訓練牠為了在半夜獲得關注而哭鬧，也不要直接上床倒頭大睡，因為十分鐘後你可能得去看看牠。

一旦小狗終於睡著了，我發現去看看牠並輕撫牠四到五分鐘，是件很令人愉快的事，很多人怕吵醒小狗而不敢這麼做，不過我這麼做一直都沒問題。

如果你遵從上述作法，不到一週，你的小狗就能學會迅速安靜地入睡。

坐下及其他

我想，我如果不至少提些有關訓練狗狗坐下的事情，不少飼主會很失望，可是這實在很簡單，問問你的小狗：「你想學聽口令坐下嗎？」然後拿顆飼料在牠鼻頭前上下移動，如果

說「狗狗！坐下！」並在狗狗鼻頭前晃一晃食物誘餌，接著把誘餌拿高一點點，掌心朝上，當狗狗抬頭看著誘餌移動，牠將會坐下，稱讚牠：「好乖！坐得好！」給牠食物當作獎勵。

你的小狗點了頭，那麼你和牠都準備好進行下一步了。

先說「狗狗！坐下！」然後把飼料往上並且沿著牠口鼻上緣往頭的後方移動，隨著狗狗抬頭往上看著飼料移動，牠將會坐下，很簡單，不是嗎？

接著說「狗狗！趴下！」然後用指頭捏著飼料，慢慢把手放低，掌心朝下，移至狗狗的兩隻前腳前，狗狗會把鼻頭放低嗅聞飼料，然後牠會把前半部的身體放低，以口鼻一側貼地，用嘴頂你的手，把飼料稍微往牠胸口移動，牠的屁股會接著貼地。

說「狗狗！趴下！」並慢慢放低食物誘餌，掌心朝下，來到狗狗前腳腳掌前，牠會把鼻頭放低，跟著食物趴下，稱讚牠：「好乖！趴得好！」再給牠食物作為獎勵。

接下來再說「狗狗！站起來！」然後把飼料往牠的前方移動，你可能必須晃一下飼料牠才會動起來，停在牠鼻頭高度，揑著飼料。只要狗狗一站起來開始聞，手就要放低一點點，以免牠站起來以後馬上坐下。

最後，試著把幾個口令串聯起來。你可以往後退幾步，說「狗狗！過來！」並且晃晃飼料，當牠接近時熱情稱讚牠，然後叫牠坐下和趴下，再給牠獎勵。三個反應換一顆飼料，還不錯吧？以後只要有空就叫你的狗狗過來、坐下和趴下，或者牠晚餐裡有幾顆飼料

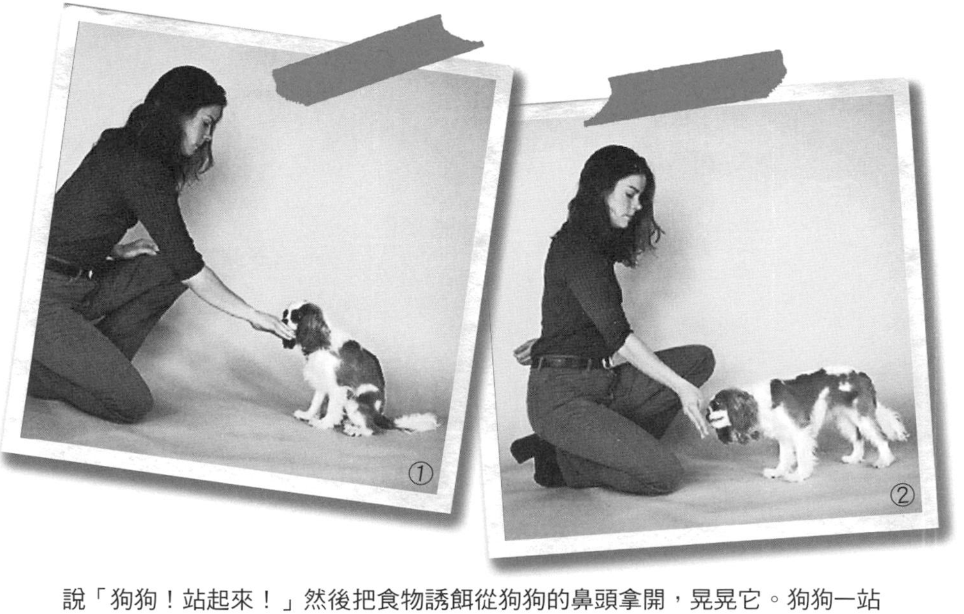

說「狗狗！站起來！」然後把食物誘餌從狗狗的鼻頭拿開，晃晃它。狗狗一站起來就稱讚牠：「好乖！站得好！」再給牠食物作為獎勵。

就練習幾次。

重複練習這三個姿勢，隨機變化順序，例如坐下—趴下—站起來—趴下—站起來，看看你的狗狗為了一塊食物獎勵，願意做多少次姿勢變化，也看看你能讓牠待在每個姿勢多久，才需要給予食物獎勵。這個等待的時間就是「短等待」。你會發現奇怪的事情：你愈少給零食而且零食留在手上的時間愈久，狗狗學得愈好。

歡迎來到誘導／獎勵訓練的美妙世界！

不良行為

很不幸，不良行為是終結寵物犬生命最普遍的原因。

許多小狗在到達新家的第一週就簽下了自己的死亡同意書。亂大小便和亂咬東西的小錯導致狗兒被放逐到後院，接著牠會發展出社會化嚴重不足的問題，也學會吠叫、亂挖和逃脫，直到牠逃脫或自己開門到外頭流浪、在街上被捉到，或是被棄養在動物收容所裡，牠已經發展出很多的行為問題，無法輕易再被人領養。

令人悲哀的是，只要有基本常識、飼主教育和幼犬教育，所有這些顯然可以預測得到的問題，原本都能輕易避免。

第六課
對人的社會化

最佳上課時間：狗狗三個月大前

養一隻喜歡人的狗

寵物犬照護第二個最重要的目標就是：教出一隻對人友善的小狗。

記住，教會小狗嘴勁控制永遠是最重要的目標，但在狗狗到家後的第一個月，就緊急程度而言，對人的社會化才是最重要的幼犬訓練項目。

你的小狗必須在滿三個月大之前，徹底完成對人的社會化。許多人認為，幼犬班就是小狗進行對人社會化的地方，事實並非如此，到了幼犬班才進行社會化太少也太遲了。幼犬班是讓社會化良好的小狗出門繼續進行對人社會

黃金期即將結束！緊急！

打從你把小狗接回家的第一天起，時間就進入不斷倒數，而且過得飛快！小狗到了兩個月大，社會化的黃金期已經開始衰退，而且在一個月內，對牠最具影響的學習階段即將結束，需要教牠的東西實在太多了，而且幾乎都必須馬上開始。

化的好玩活動，也提供小狗與其他小狗進行治療性社會化（therapeutic socialization），最重要的是：它可以讓小狗學習嘴勁控制。

現在，你只剩下幾週可以幫你的小狗進行社會化，不巧的是，牠必須待在家中直到至少滿三個月大，做完預防接種後，才會對重大疾病具備足夠的免疫力。然而，在如此關鍵的發展階段，即使相當短暫的社交隔離也可能毀掉小狗的性情。雖然對狗的社會化勢必得稍候，等狗狗年紀夠大時再去幼犬班與狗狗公園，卻絕對不能延誤牠對人的社會化。**你也許可以跟一隻不喜歡狗的狗兒共同生活，但和一隻不喜歡人的狗狗一起生活不只非常困難，也可能很危險**，尤其如果牠不喜歡的對象是你的朋友和家人。

因此，把各式各樣不同的人介紹給你的小狗認識，包括家人、朋友、陌生人，尤其迫在眉梢的是男人和小孩。根據經驗，你的小狗在三個月大前，至少需要見過一百個不同的人，平均每天要見三個陌生人。

安全措施

小狗可能會因嗅聞到病犬的排泄物而感染重大疾病，絕對不可以讓小狗在其他狗狗可能上過廁所的地方落地。你可以帶著小狗搭車去拜訪朋友，但是在房子和車子的途中，千萬不可以讓牠落地。

當然，這個預防措施同樣適用於獸醫院。獸醫院門外及候診間地板是兩個最可能被污染的區域，把小狗從車裡直接抱進獸醫院，候診時讓牠待在大腿上。更好的作法是，把小狗關在車內的籠子裡，直到輪到牠就診檢查為止。

夢想中的狗？夢魘中的狗？

寵物犬最重要的特質就是性情，性情好的狗狗讓你得以和夢想中的狗一起生活，性情難以捉摸的狗狗則是永久的夢魘。無論犬種或犬系，狗狗的性情，尤其是牠對人類及其他狗狗的感受，主要來自於幼犬期社會化的程度。

幼犬期是狗狗一輩子最重要的時間，不要浪費這個黃金機會，在這個期間建立狗狗穩定、良好的性情。

從小學習與陌生人共處的好處是？

年幼的狗狗比較容易廣泛接受並

不錯的開始：三個月大的幼犬見到了十八個人。

容忍各種各樣的人，青春期的狗狗與成犬則將自然發展出對陌生人的警戒感，除非有人特別教過牠。也因此，在小狗滿三個月大以前，向牠介紹一百個人，有助於狗狗進入青春期後更能接受陌生人。

然而，為了讓你的成犬能夠持續接納陌生人，牠需要繼續見到陌生人，不斷見到相同的人是沒用的，你的成犬需要每天遇到新的人，你必須在家中維持熱絡的社交新生活，或定時去遛狗。

其實很容易的一百個人練習

善用小狗這段必須待在室內的時期，邀請客人到你家來，你的小狗必須在滿三個月大以前和至少一百個不同的人進行社會化。我知道這聽起來有點像是不可能的任務，但它其實很容易。

每週兩次，分批邀請不同的六位男士到家裡看運動比賽，一般而言，如果你提供電視運動節目、披薩和啤酒，將很容易吸引男士前來。其他幾個週間晚上，分批邀請不同的六位女士到家裡品嚐冰淇淋和巧克力，好好聊聊。反過來做也可以，你比我更了解你的朋友。

另外，每週找一個晚上，邀請家人、朋友和鄰居到家裡來見見小狗、晚餐兼敘舊。另個策略是白天把小狗帶去辦公室，或者每週辦一次小狗派對。重點是不要把狗狗當成祕密藏起來。進行小狗社會化最棒的事情之一就是——它也豐富了你的社交生活！

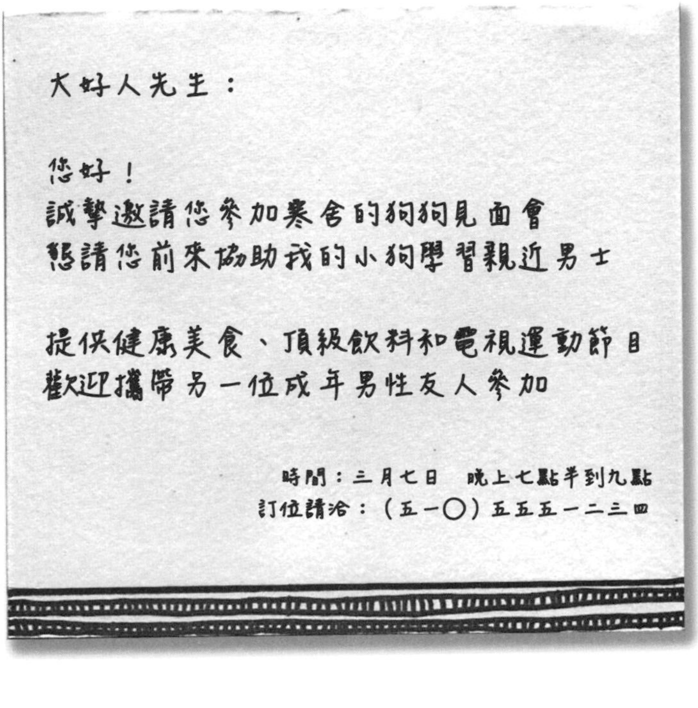
大好人先生：

您好！
誠摯邀請您參加寒舍的狗狗見面會
懇請您前來協助我的小狗學習親近男士

提供健康美食、頂級飲料和電視運動節目
歡迎攜帶另一位成年男性友人參加

時間：三月七日　晚上七點半到九點
訂位請洽：（五一〇）五五五一二三四

社會化的三大目標

1. 教導你的小狗喜歡所有人的出現與滑稽的舉動。先從家人做起，然後是朋友，接著是陌生人，尤其是小孩和男人。狗狗對於小孩和男人，尤其是小男生最不自在。小狗成長過程中，如果周遭很少小孩和男人，甚至完全沒有，而過去與小孩和男人的社交接觸經驗又不愉快或很可怕，比較容易發展出對他們的厭惡。
2. 教導你的小狗喜歡被人擁抱、碰觸和操弄身體，如限制或檢查牠的身體，尤其要讓牠喜歡被小孩、獸醫或美容師擁抱和碰觸。你必須教牠喜歡被人碰觸、操弄不同的「地雷區」，如：項圈附近、口鼻、耳朵、腳掌、尾巴和屁股。
3. 教導你的小狗喜歡在被要求時放棄對牠而言很重要的東西，尤其是狗碗、骨頭、球、啃咬玩具、垃圾和紙巾。

一 教狗狗喜歡人、尊重人

找客人來幫忙訓練小狗

讓你的狗狗在安全的家中盡可能見到很多人，以補償牠到家後第一個月暫時卻必要的社交隔絕。第一印象很重要，務必確定狗狗初次見到人的過程美好而快樂，讓每位客人用手餵牠吃幾塊飼料。喜歡人陪伴的小狗長大後會變成喜歡人陪伴的狗狗，而喜歡人陪伴的狗狗比較不會受到驚嚇或咬人。

教導小狗依照指令表現出活潑、溫順的友善行為，這麼做有助於大家對你的狗留下好感，也有助於你的狗對人留下好感。

確認你每天都請很多不同的人到家裡來，一直見同樣的人是不夠的，小狗需要逐漸習慣見到陌生人，每天至少見三個人。無論何時都要維持例行的衛生措施，請客人脫鞋進屋、洗手後再碰觸狗狗。

給每位客人一袋訓練零食，這樣狗狗從一開始就比較容易喜歡他們，向客人示範如何利用小狗的飼料進行誘導訓練，讓牠過來、坐下、趴下和翻滾。叫小狗過來身旁，在牠接近時大加稱讚，並在牠來到面前時，給牠一顆飼料，後退之後再做一次，多次重複這個順序。

一日餵食量＝訓練零食

為了避免小狗因為吃垃圾零食而發胖，利用小狗每日的飼料量作為訓練的獎勵。為了避免全家人餵食過量，每天早上第一件事就是把狗狗的一日餵食量和零食放進另一個單獨的容器裡，這樣一來無論任何時間，只要容器裡有飼料或零食，就可以用來當成狗狗的點心、正餐，或是訓練時用手餵食的獎勵。

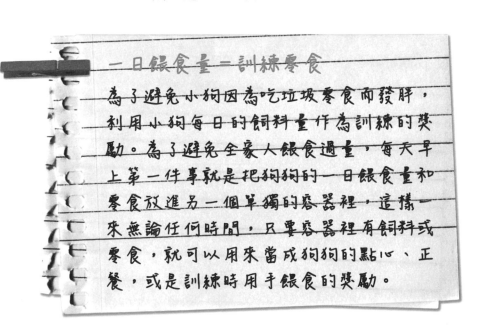

教客人誘導狗狗坐下、趴下、翻滾

每當小狗接近你，讓牠坐下來。告訴牠：「狗狗，坐下！」然後緩慢往上移動飼料，從牠鼻頭前方移至牠兩眼之間，當小狗抬起鼻子去聞飼料，牠會把屁股放低而坐下。如果小狗跳起來，就表示你把食物誘餌拿得太高了。重複剛才的步驟，但這次把食物移近小狗的口鼻些，當你的小狗呈坐卜姿勢時，說：「乖狗狗！」並把飼料餵給牠。

現在練習讓小狗過來，坐下再趴下。一旦小狗坐下就說：「狗狗，趴下！」並且把飼料從牠鼻子往前移到牠的兩隻前腳之間，隨著小狗隨食物低下頭，牠通常會呈現趴下的姿勢。如果小狗反而站起來，不必擔心，只要把飼料藏在掌心，直到牠趴下為止，當牠一這麼做，就大聲讚揚牠說：「乖狗狗！」並且給牠飼料。

接下來，教導你的客人如何訓練你家小狗翻滾。在小狗趴著的時候，告訴牠：「翻滾！」並且把飼料從牠的鼻頭移至肩胛處，慢慢地往背脊移動，一旦小狗呈現四腳朝天的狀態，告訴牠：「乖狗狗！」並且給牠飼料吃。

重複練習過來、坐下、趴下和翻滾，直到小狗做出準確可靠的反應，然後再協助每位客人練習這些訓練方法，直到每個人都能用一顆飼料就讓小狗連續三次完成過來、坐下、趴下和翻滾。

如果你的狗狗經常以這種方式從客人手上吃到晚餐，牠很快就會喜歡與人作伴，也會在與人打招呼時開心地接近並且自動坐下。當然，附帶的好處是你也成功地訓練了親朋好友協助你訓練你的狗。

一旦你成功地以誘導獎勵法訓練小狗過來、坐下和趴下，小狗將展現自願遵從並尊重你的期許，無論那是要求、指示或命令。
要狗狗表現尊重，絕對沒有必要使用暴力或脅迫。

自願順從

- 當小狗迅速開心地接近人，絕對是對人友善的徵兆。
- 狗狗在人身旁不遠處坐下或趴下時，是狗狗喜歡他們的進一步顯示。
- 被很多人教過趴下和翻滾的小狗，已學會在有人提出要求時，表現出友善的溫馴順從行為。
- 當你的狗依照指令過來、坐下、趴下及翻滾，表示牠對下令的人表現尊重。
- 最重要的是，這對小孩來說尤其重要。當小孩進行誘導獎勵式訓練，他們提出要求（下令），狗狗也開心且自願地順從（服從），對狗狗和小孩來說，開心自願地順從是唯一有效又安全的順從方式。

在狗的語言裡，邀玩的躬身姿勢意謂：「我很友善，我想玩！」舉起前腳握手意謂：「我尊重你較高的地位，想和你當朋友。」

讓狗狗學習與小孩共處

對於一隻在幼犬期缺乏「小孩社會化」的成犬而言，小孩的行為和怪異舉止可能極度嚇人，即使是社會化良好的成犬，在面對小孩時也可能出問題，因為小孩做的事多半會令狗狗興奮不已，引發牠們想玩遊戲、追逐。必須有人教導小狗和小孩共處之道，這個方法做起來簡單又好玩，一起來做吧！

對於有小孩的小狗飼主來說，接下來幾個月將是一大挑戰，但肯定很值得，因為成功進行「小孩社會化」的小狗，通常可以發展出超級健全的性情，這也是小狗必須具備的。如此一來，當牠們長成成犬，生活中很少會有什麼事令牠們意外或生氣。

即使只是被好玩地抱住，也可能會讓缺乏社會化的小狗感到害怕，一旦牠長大，就不太可能會忍受人們這麼做。

為了讓狗狗和小孩盡可能發展出良好關係，並確保狗狗的善良天性及穩定個性，家長必須在教育小狗的同時也要教育孩子。一方面教導孩子在狗狗身旁時該有什麼行為表現，一方面也教導小狗在孩子身旁該有怎樣的行為表現。

沒有小孩的小狗飼主有個不一樣的挑戰，你現在就必須邀請小孩來家裡和小狗見面！然而，除非你訓練小孩的技巧比你訓練小狗的技巧高明，起初最好只邀請幾個小孩就好。

建議從邀請一個小孩開始，一個小朋友很棒，兩個很好，但通常三個小朋友加上一隻小狗，很快就會到達耐受度的上限，放射出任何已知科學儀器都無法測量的高度精力，畢竟，我們正在設法教導小狗和小孩冷靜有禮。

永遠不可以在無人監督的狀況下，讓小孩和小狗或成犬相處。

首先，只邀請訓練良好的小孩，並全程監督小孩，我重複一次，必須全程監督小孩。日後的幼犬班將會提供很棒的小孩資源，他們受過面對幼犬應該如何表現的訓練，也接受過訓練小狗的相關訓練。

第二，邀請親朋好友的小孩到家裡來，也就是那些狗狗未來可能經常見到、甚至狗狗長大以後偶爾才見到的小孩。

第三，邀請附近的小朋友到家裡來。記住：會在院子圍欄外惡搞你家狗、使牠興奮不已、害牠吠叫、低吼、空咬、撲人的，通常就是這些小孩。接下來就是那些小孩的家長，也就是抱怨你家狗狗對他家小孩吠叫和騷擾的鄰居們。狗狗不太可能對牠們認識且喜歡的小孩吠叫，所以請給小狗大量機會認識、喜歡上附近的小朋友。

經過適當的指導及持續監督，許多小孩可能成為超棒的訓犬師。

同樣地，如果小孩認識狗狗，也喜歡牠和牠的主人，他們就不太可能會去捉弄牠，所以請給附近小孩大量機會認識並喜歡上你和你的小狗。

可以給小孩冷凍乾燥肝臟之類的美味零食和飼料，讓他們在進行碰觸練習及訓練時作為誘餌和獎勵。如此一來，你家狗狗將很快學會愛上小孩的出現，以及他們帶來的禮物。

這隻小狗依照指令過來及坐下，展現牠自願順從並尊重牠的小小訓練師。

辦一場小狗派對，讓狗狗見怪不怪

第一週，確保狗狗與小孩的互動都在小心掌控之中，而且冷靜安定。

接下來，舉辦一個熱鬧歡樂的小狗派對，用氣球、彩色紙卷和音樂布置場景，給狗狗零食和禮物，並給小朋友響笛和不同的道具服裝來布置。

讓小狗從小就接觸小孩的吵鬧聲和活動方式並習以為常，這件事十分重要，如果你的狗狗進入青春期以後才首度見到公園裡尖叫奔跑的小孩，你通常就有麻煩了，因為狗狗會想去追他們。

然而，對於已經在小狗派對上見識過小孩或成人大笑、尖叫、跑步、單腳跳或跌倒的幸運小狗來說，公園裡那些場面牠早就見怪不怪！只要有一兩次與小孩共度派對的經驗，現實生活裡不太可能有什麼場面會比小狗派對裡司空見慣的常態更怪了。

狗狗和小朋友都愛的好玩遊戲

一開始，召喚狗狗大風吹和狗狗伏地起身是最合適的遊戲，把椅子圍成一大圈，讓小朋友坐下，第一位小朋友把狗狗召喚過來，讓牠趴下再坐起來連續三次後，再讓下一位小朋友將牠召喚過去——「羅佛，去找傑米！」此時傑米召喚狗狗前來，並且讓狗狗做三次伏地起身，依此類推。這個完美的活動可以練習即時召喚及迅速控制指令——坐下和趴下。

之後的小狗派對裡，主題遊戲可以換成頂狗餅乾和裝死比賽。稱讚每個小朋友並給他們一點獎品，誰能讓狗狗頂餅乾頂最久（坐著等最久），或是讓狗狗躺著裝死裝最久（趴著等最久），應該特別給予稱讚和獎品。

根據經驗法則，在小狗滿三個月大之前，至少應該已有二十位小朋友碰觸並訓練

卡拉漢學習「砰！」的裝死把戲！也就是躺著等待。

童心未泯的道格正在教史酷特在頭上頂餅乾，史酷特覺得坐著等待很好玩。

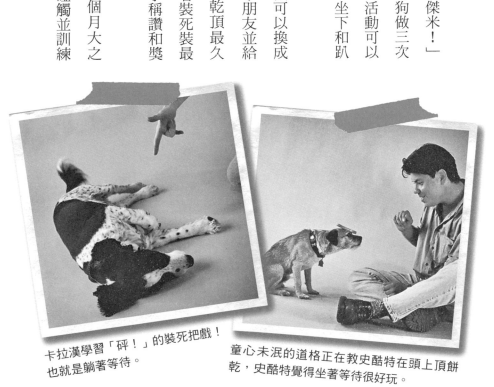

過牠，包括召喚、坐下、趴下及翻滾等指令。

讓狗狗學習與男性共處

許多成犬害怕男性甚於女性，所以盡可能多多邀請男士到家裡來撫摸小狗，如果家裡沒有男性，邀請男士來幫小狗進行社會化尤其重要。

確認你教過所有男性客人如何手餵飼料，以及如何誘導獎勵小狗做出過來、坐下、趴下和翻滾的動作，在每位男性客人的零食袋裡多放一些美味的零食，讓小狗

坐下來打招呼

盡早讓小狗建立坐下來與人打招呼的習慣，確定每位家人、客人或陌生人都在小狗坐下後才與牠打招呼、稱讚牠、拍拍牠，或給牠食物獎勵。很快地，你的狗狗將學會有人接近時就自動坐下。

對我們來說，狗狗與人打招呼時坐下等候稱讚或食物獎勵，當然比撲人來得好；若從狗的觀點來看，坐下來等候關注、熱情和零食，當然也比撲人受罰來得好！

對男性產生喜愛的情感連結。

為害羞的小狗舉辦七天特訓班

如果你的狗狗很慢才接近你的客人，或者連接近都不接近，你現在就必須採取行動。當然，牠可能是因為害羞，但也顯示牠十分缺乏社會化。對兩三個月大的小狗來說，不會熱切地接近人是絕對不正常的，你必須在一週內解決這個問題，否則問題將快速惡化，而且惡化得很嚴重。

如果你眼睜睜地讓時間流逝，不採取任何行動，將來的治療性社會化也會逐漸變得缺乏效用。

請不要忽略你家狗狗的恐懼，還將之合理化為：「牠需要一點時間才會對陌生人熱絡。」如果你的小狗現在就需要一些時間才對陌生人熱絡，長大以後很可能會變得無法忍受並害怕陌生人。害小狗長大後變得對人害怕和焦慮完全是不公平的，請馬上協助你的小狗。

以手餵食，好處多多

1. 可以教小狗喜歡飼料，並利用飼料作為有效的誘餌和獎勵，用於身體碰觸練習和基本訓練。
2. 可以教小狗喜歡訓練和訓練師，尤其是由小孩、男人和陌生人這麼做時。
3. 讓你能夠選擇方便的時間教導狗狗控制上下顎，而不是在牠決定想要咬著玩而去煩你時才這麼做。
4. 可以教小狗「離開」和「拿去」，有助預防牠未來護食。
5. 可以教小狗「拿去……輕輕地」，這是小狗發展出溫柔用嘴和學習嘴勁控制的核心要點。參見第七課。

解決這個問題的方法簡單有效，而且通常只需要一週。

在接下來的七天裡，每天邀請六個不同的人到家裡，用手餵食小狗吃正餐，這一個禮拜內，你不能讓狗狗從家人或狗碗裡得到任何食物，如果你的小狗只有從家裡客人的手裡才能獲得飼料和零食，成果很快就會展現出來。

一旦狗狗開心地從手上取食，你的客人接下來就可以利用每顆飼料要求牠過來、坐下和趴下，迅速成為你家狗狗的新朋友。

當心捉弄和粗暴遊戲

有些人似乎很喜歡捉弄小狗，或是和牠玩粗暴的遊戲，小狗可能覺得很好玩而且樂在其中，也可能覺得不快與害怕。

善意的捉弄對人犬雙方可能都很好玩，如果做得適當，捉弄可以大大建立小狗的自信，逐漸讓牠對人們（尤其男人和小孩）所做的怪事不那麼敏感。相反地，殘酷的捉弄可能讓小狗感到挫折，有害無益。惡意捉弄不是捉弄，而是虐待。

建立狗狗自信時，可能需要暫時拿走牠的玩具或零食，暫時抱住牠或抓著牠，讓牠動彈不得，出些怪聲、暫時做個輕度嚇人的鬼臉，或是稍微怪異的肢體動作，然後再稱讚狗狗、給予零食。

食物獎勵會增強小狗對嚇人鬼臉和怪異動作的接受度，進而建立小狗的自信。每當你再次重複上述動作時，可以表現得更嚇人或更怪異，再給牠零食。久而久之，你的小狗將能自信地接受人類的任何行為。如果小狗拒絕接受零食，表示你已經讓牠感到壓迫，暫停怪異舉動，直到你能在牠毫無受迫的狀況下，以手餵牠六塊零食。

教狗狗喜歡被人捉弄

小狗必須經過訓練才能學會喜歡被人捉弄，舉例來說，對於事先毫無準備的小狗來說，小孩張開雙臂不斷追牠可能是世上最可怕的事了。然而，對於經過教導而喜歡玩怪物走路遊戲的小狗來說，裝成怪物走路的飼主繞著餐桌追牠，可能是牠最喜愛的遊戲之一。大多數的狗狗喜歡被追逐——只要有人教過牠們這個遊戲不具威脅性。

惡意的捉弄太過殘忍，而且傻得無可言喻，是把快樂建立在小狗的痛苦上。導致小狗不舒服或害怕絕對不好笑，因為你等於是教牠不要信任人類，如果牠長大後出現防禦反應，完全是你的錯。最悲哀的是，惹上麻煩的會是狗狗，不是你。請不要讓這種事發生。

粗暴的遊戲可能會嚇到小狗，而狗狗玩到打起架來的常見原因則是飼主缺乏對狗狗的控制力。從另一方面來看，只要用一點常識，粗暴遊戲和打架遊戲可能是建立自信、嘴勁控制和克制練習的最佳作法。經常暫停活動，讓小狗冷靜下來，稱讚牠並且安撫牠。每當小狗的利齒咬痛你，尖叫一聲，不理會小狗約三十秒鐘，然後叫牠過來、坐下和趴下，再重新開始遊戲。經常在遊戲中穿插訓練，看看你是否還能控制你的小狗：可以即時讓牠停止遊戲，讓牠坐下、趴下並冷靜下來。

隨時進行簡單測試，確認狗狗是否樂在其中

一個簡單的測試就可以知道小狗是否喜歡被人捉弄：停止遊戲，退開來，叫小狗過來坐下，如果小狗迅速地搖著尾巴過來，頭抬得高高地坐下，表示牠喜歡這個遊戲的程度大概和你不相上下，你可以繼續玩。如果小狗搖擺著全身過來，頭和尾巴都放低，過度舔嘴，而且叫牠坐下時牠卻趴下或翻過來四腳朝天，就表示你已經做得太過分，牠不再信任你了。

請停止玩這個遊戲並重建小狗的自

非常重要的規則

只要一個人，就可能對小狗的個性產生重大影響，這個影響可好可壞。你必須堅持，除非訪客展現能夠讓小狗熱情地過來、迅速坐下並且冷靜趴下的能力，否則沒有人可以和小狗互動或玩耍。

未經訓練的客人經常在很短的時間內就毀了一條乖狗狗，尤其是小孩和成年男性親友。如果你的客人不願聽從也不願配合，請把小狗關進長時間限制範圍裡，或請客人離開。

信。作法是往後退幾步，叫小狗過來坐下，給牠飼料吃，不斷重複這麼做。如果小狗被你召喚時緩慢接近或不過來，牠已經不再喜歡你和你玩的邪惡遊戲了，你得立即停止遊戲，好好看看鏡中的自己，回想你做了什麼，然後回去修補你造成的傷害。作法是把零食丟給小狗，直到你能讓牠自信開心地過來你身旁坐下，連做三次。

捉弄遊戲可好可壞，你必須不斷重複測試小狗是否樂在其中。開始遊戲前，檢查小狗是否會過來坐下，並且至少每十五秒鐘暫停遊戲一次，看看牠是否依然會這麼做。這是個無論如何都明智的預防措施，檢查你是否還能控制小狗，即使牠非常興奮、玩得很開心。

同樣地，先確認你的親朋好友展現了他們也能讓狗狗過來、坐下、趴

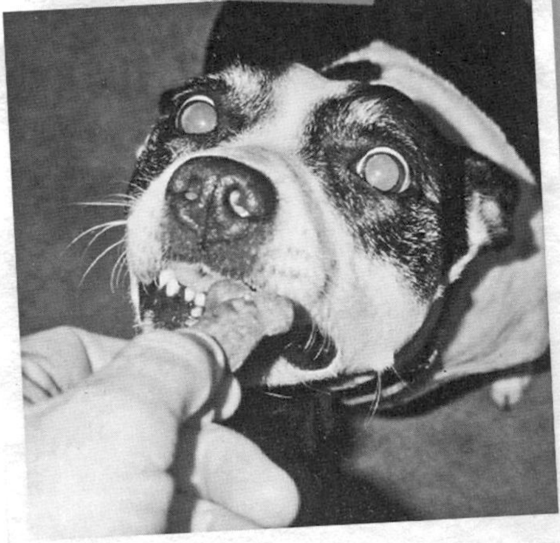

愛吃餅乾的綠眼怪。

下和翻滾，才讓他們和狗狗玩，這個簡單有效的預防措施適用於男人、女人和小孩。

如果能聰明地玩像是打架和拔河等肢體遊戲，可以讓狗狗有效學習嘴勁控制和克制練習，也是激勵成犬進行服從訓練時的絕佳方法。然而，為了使遊戲產生效果又不會讓狗狗失控，這類遊戲必須遵循嚴格的規則，最重要的規則是「必須永遠在你的主控下」。也就是說，你要隨時能夠只說一次趴下口令，就讓小狗停止遊戲並且冷靜趴下。如果你沒有這種程度的控制能力，不要和小狗玩粗暴遊戲，因為你很快就會毀了牠。

二 教狗狗喜歡被人碰觸和撫摸

和一隻你愛牠，卻無法碰觸、擁抱牠的狗狗一起生活，就像和一個你愛著卻無法擁抱的人一起生活同樣可笑，而且可能還有潛在的危險性。即便如此，獸醫和美容師還是會告訴你，難以碰觸的狗狗極為常見。

擁抱or限制自由？重點是狗狗怎麼看！

事實上，許多狗狗在被陌生人強制限制行動或進行檢查時會極度緊張。「擁抱」相較於「強制限制行動」，以及「被人碰觸」相較於「被人檢查」，肢體上的差異並不大，唯一差別在於你家狗狗的觀點。一般來說，狗狗覺得如果對方是朋友，那就是擁抱和碰觸，但如果對方是陌生人，那就是強制限制行動和檢查。

如果狗狗不喜歡被人碰觸或擁抱，和牠一起生活有什麼意義？

但是，除非你的狗狗在檢查時保持放鬆不動，否則獸醫和美容師將無法進行他們的工作。進行例行體檢、洗牙及美容時，會恐懼和具攻擊性的成犬，以及單純愛動來動去的青春期狗狗，常常需要被人強制限制行動、注射鎮靜劑或麻醉。但強制限制行動會讓狗狗對這些程序更加害怕，未受過訓練的狗狗則得面臨麻醉的風險。而且額外的安全措施拉長了獸醫的看診時間，於是飼主得付出較高的費用，實在非常可笑。成年人做例行健檢、看牙醫、做頭髮不需要被麻醉，狗狗也不應該，只要飼主教會牠們喜歡遇見人，也喜歡被人碰觸。

別讓溫柔的擁抱變成殘忍的酷刑

讓小狗長大後對人感到惶恐焦慮、害怕被人碰觸，實在很不公平。我們把一隻高度社會性動物邀請到人類世界來居住，卻不教牠喜歡人類的陪伴和碰觸，簡直太殘酷了，這隻可憐狗狗將無法逃脫一輩子的心理折磨，就很多方面來說，這比其他形式的虐待還糟。

如果你的小狗只是忍耐著被人碰觸身體，這是不夠的，牠必須學習全然樂於讓陌生人碰觸。一隻無法全心全意樂於讓陌生人強制限制行動及進行檢查的狗，是顆隨時可能爆發的不定時炸彈。總有一天，會有個陌生小孩試圖擁抱並摸摸你的狗，而牠可能會拒絕，接下來，這個小孩、你和你的狗，全都會陷入大麻煩。

你的小狗需要讓人碰觸的順序是：熟人先於陌生人；成人先於小孩；女人先於男人；女孩先於男孩。

就像社會化訓練，需要由家裡的成人慢慢先讓小狗喜歡被人碰觸，以及溫柔地限制活動。讓狗狗在陌生人和小孩這樣對待牠之前，先了解碰觸和撫摸身體的遊戲，並且喜歡有人這麼做。

教小狗喜歡被人碰觸和檢查相當容易，也很好玩，教青春期的狗狗和成犬接受身體碰觸卻可能十分耗時又具危險性，尤其是小孩和陌生人。不要拖延，請現在就這麼做。

八週大的狗狗愛抱抱

你將擁抱你的小狗，這是最好玩的部分。事實上，每位家庭成員和客人都可以擁抱小狗。和狗狗一起放鬆非常好玩，尤其如果狗狗很放鬆的話。如果牠無法放鬆，教牠放鬆，讓牠冷靜下來，並且徹底享受美好漫長的抱抱時間。

假如你的小狗在斷奶前（尤其是新生期）就經常被人碰觸，牠在八週大被人抱起時，應該會全身癱軟，在你的大腿上極度放鬆地休息。即使你的小狗出生後缺乏被人大量碰觸的經驗，碰觸身體的練習在牠八週大時還是很容易。

重點是，你得開始動手做，因為只要再過三個月，同樣簡單的碰觸練習對一隻難以碰觸的五個月青春期狗狗來說，將會截然不同，未經訓練的青春期狗狗向來是出了名地難以碰觸。

開始進行特定的身體碰觸練習之前，確認趴在你大腿上的狗狗完全放鬆。一旦狗狗信任你，並且也發展出足夠的自信，牠將開心地依偎著你，軟趴趴地完全放鬆。

抱抱時間到！學習正確抱抱法

把你的小狗抱起來，放在大腿上，用一根手指勾住牠的項圈，讓牠無法跳下你的大腿，緩慢地從小狗的頭頂輕撫至背部並重複這個動作，設法讓牠安定下來，用任何牠覺得舒適的姿勢都可以。如果你的小狗有點毛躁地扭來扭去，按摩牠的胸前或耳朵根部，讓牠冷靜下來。

等小狗完全放鬆後，把牠抱起來，讓牠躺在你的腿上四腳朝天，讓牠可以享受放鬆肚皮按摩，以掌心重複繞圈的方式按摩牠的腹部，輕輕撫揉小狗的鼠蹊部，也就是大腿和腹部之間，這將有助於狗狗放鬆。

迅速安定下來

除了長時間按摩，以及偶爾擁抱之外，看看你多快能讓小狗安定下來。交替進行短短的遊戲時間和溫柔限制活動的安定時間，一旦小狗在你大腿上能很快安定下來，試著讓牠在地板上安定下來。

當你的小狗安定放鬆，每隔一段時間就把牠抱起來，摟牠一下，甚至親一下牠的鼻子。緩慢地逐步增加擁抱的時間，其實也就是限制牠的行動。一段時間後，把狗狗交給另一個人，重複以上練習。

狗脾氣發作，不給抱，怎麼辦？

假設你的小狗奮力掙扎，尤其如果是發起脾氣，你務必不能放手，否則，你的小狗將學會如果牠掙扎或發脾氣，牠就不需要冷靜下來，也不必被人碰觸了，因為你會讓步。而這可是個壞消息！

以一隻手扣住小狗的項圈，另一隻手的掌心放在牠胸部，輕柔但堅定地讓牠的背抵著你的腹部，讓牠四腳朝外遠離你，並且放低牠，讓牠抵著你的腹部，以免牠轉頭時咬到你的臉。讓牠保持不動直到牠冷靜下來，牠終究會這麼做的。持續以一隻手的手指按摩小狗的耳朵，另一隻手的指尖按摩牠的胸部。一旦小狗冷靜下來停止掙扎，稱讚牠，在牠安定幾秒後，鬆手讓牠走，然後再重複整個步驟。

如果你練習了一天，還是無法讓狗狗冷靜下來享受像抱抱這類的限制行動，馬上找位訓練師到府協助，這件事非常緊急，你絕對不會想和一隻無法被你碰觸或擁抱的狗狗一起生活。

徹底弄懂狗狗的敏感區

教導你家兩個月大的小狗喜歡被人碰觸和檢查，既容易也有其必要，牠的獸醫、訓練師和美容師將永遠感激你這麼做，你和狗狗也會感激當初有這麼做。讓狗狗覺得被人碰觸和檢查很可怕，絕對非常不幸。

老大翻身法

就像我前面（見62頁）提到的，如果你用暴力強制小狗翻身，牠將不再信任或尊敬你，而且會抗拒得更厲害。很快地，你就會有一隻一點也不喜歡被抱的小狗，因為牠視你的擁抱為暴力限制活動，請依上述步驟溫柔耐心地對待牠。

許多狗狗有很多「地雷區」，如果在幼犬期不解決這些敏感部位，未來這些地方將對碰觸極為敏感。假使小狗時沒有進行減敏，碰觸耳朵、腳掌、口鼻、項圈周圍和屁股，常引發成犬的防禦反應。同樣地，如果沒人教小狗喜歡與人對看，牠長大後可能在人盯著牠的眼睛看時，表現出恐懼或防禦行為。

有些身體部位純粹是因為沒人花時間檢查而變得愈來愈敏感。例如，很少飼主會定期檢查狗狗的屁股，或是打開牠的嘴巴檢查牙齒。有些部位天生就敏感，即使是小狗也可能引發反應。舉例來說，幾乎每隻小狗都會在你緊緊抓住牠的腿或腳掌時咬你的手。

有些部位則會因為不當的身體照護和碰觸方式而變得敏感。垂耳狗的耳朵很容易感染，因此牠們很快就會把耳朵檢查和疼痛聯想在一起；同樣地，許多成犬把有人瞪著牠看或是被人抓住項圈，與不好的事情聯想在一起。一旦有人抓住狗狗的項圈，再把牠拉去關起來；或是抓住狗狗的項圈再扣上牽繩，從而結束了公園裡原本美好的遊戲時光；或是因為狗狗犯了錯，因此先抓住項圈再處罰牠，狗狗很快就會變得害怕手。

碰觸練習，解除狗狗的敏感區

碰觸身體和檢查訓練的目的是解除地雷區的敏感度，並協助小狗建立被人碰觸時的好聯想。只要配合手餵飼料，讓小狗減敏並教導牠喜歡被人碰觸往往變得很簡單。事實上，這麼做簡單之至，有這麼多無法讓人碰觸的成犬實在令人意外。

利用狗狗每天正餐的飼料作為訓練零食，教導牠喜歡被人碰觸。抓住狗狗的項圈時就給顆零食；注視牠的雙眼時就給顆零食；檢查耳朵裡面一下就給顆零食，檢查另一隻耳朵裡面一下再給顆零食；抓起一隻腳掌時就給顆零食，每隻腳掌都要這麼做；打開狗狗嘴巴時就給顆零食；摸摸牠的屁股和私處時就給兩顆零食。重複這些步驟。每次你重複這些步驟，碰觸或檢查就逐步做得更徹底也更久。

一旦你的狗狗樂於家人的碰觸和檢查，就可以輪流和客人玩碰觸遊戲。每次一個人，讓每位客人餵小狗一顆飼料，當他們抓住牠的項圈，注視牠的雙眼，碰觸並檢查牠的耳朵、腳掌、牙齒和屁股時，如前所述地餵牠一顆飼料，完成之後，再把小狗和裝有飼料的袋子轉給

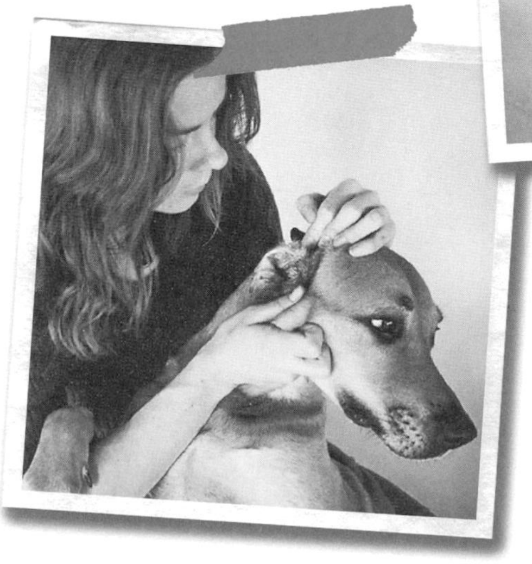

確認你的小狗在你碰觸和檢查牠的耳朵、口鼻、牙齒和腳掌時，感到完全自在，在你檢查每個特定部位時，用手餵狗狗很多飼料。

下一個人。

很少人會蓄意傷害或驚嚇小狗，但總是會有意外，例如，某位客人可能不小心踩到小狗的腳，或者飼主想抓項圈時不小心抓到牠的毛等。如果小狗在被人碰觸時有安全感，牠不太可能會出現防禦反應。

狗狗犯錯時，重點不是處罰

社會化不足和經常性的重度處罰是狗狗對人感到惶恐的兩大主因。惶恐的狗狗會與人保持距離，問題是人們會接近牠們，試圖碰觸或撫摸狗狗。

請記住：你的小狗有兩隻耳朵和四個腳掌！許多獸醫和美容師在檢查另一隻耳朵或後腳時，對狗的反應相當意外，因為飼主的身體碰觸訓練只針對一隻耳朵，通常是以右手碰觸狗狗的左耳，或只針對前腳的腳掌。

很少人會刻意讓自己的小狗不舒服，唯一明顯的例外就是處罰狗狗的時候。雖然處罰不該造成疼痛或驚嚇，但處罰頻率太頻繁也太過度時，還是極度令人擔心。

不幸的是，許多過時的訓練師和閱讀過時訓練書籍的飼主，在未經訓練的狗狗犯錯時，常會把重點放在處罰上，為的是狗狗違反了牠們從不知道的規則。比較快的作法是教導狗狗你的家規，讓牠知道你要牠做什麼，並獎勵牠出現這個行為。這麼一來，你的狗狗學會**想要**去做你要牠做的事。經常性或極重度的處罰，往往是許多狗狗不喜歡被人碰觸，也不喜歡訓練者的主要理由。

經常性的處罰顯示你的訓練哲學有漏洞。狗狗依然經常出現不良行為，於是經常被處罰，這表示你的訓練完全無效，也是你改變策略的時候。與其處罰小狗過去犯的錯，你應該更專注於教導你的狗狗未來怎麼做。記住：真正有效果和效率的辦法是，獎勵狗狗照你想要的方式做，也就是做你認為「對的行為」，而不是設法處罰牠犯下的各種錯。

養狗不是為了處罰牠

重複的處罰宛如導致痛苦的刀尖，會逐漸切割並且破壞狗狗與你的關係。起初，你會喪失放繩時的控制力，狗狗也會因為不想再靠近你，在你召喚時很慢才過來。最後，每當有人接近牠和碰觸牠時，牠都會變得惶恐害怕。但是，和狗狗生活的目的就是享受牠的陪伴，你當然不想和一隻不想跟你作伴的狗狗一起生活，如果你發現自己經常訓斥、處罰你的狗，請尋求訓練師的協助。

極重度的處罰益發清楚顯示訓練失效，狗狗仍然出現不良行為，而人們因為認為愈重的處罰

兩個無法否認的事實

1. 任何對不當行為的處罰都是在昭告天下，你尚未有效教好你的狗表現你要牠表現的行為。
2. 就大多數個案而言，狗狗會把處罰與訓練者和訓練情境連結在一起，所以請確認你的處罰不會令牠害怕或疼痛。

愈有效，處罰遂變本加厲。事實上，處罰如果有效，狗狗將不會再出現不良行為，如果狗狗在極重處罰之後，還是有不良行為，明智的作法是質疑以處罰作為訓練方式是否合理，而不是自動提高疼痛的程度。

極重度的處罰相當沒有必要，也絕對適得其反，它製造出來的問題比解決掉得多。**就算極重度處罰使不樂見的行為消失，它也重創了人犬關係**。舉例來說，狗狗在重度處罰後可能不再撲人，但是現在牠也不再喜歡你、不想接近你了，因為上次牠撲上來向你打招呼時，你對牠極度惡劣，你贏了一小步棋，卻落得滿盤皆輸。你的狗或許不撲人了，但是你也失去了最好的朋友。不幸的是，訓練變得敵對又不愉快，為什麼有人對待最好的朋友像在對付仇人一樣呢？

如果你覺得有訴諸重度處罰的需要，請立刻尋求使用誘導獎勵訓練法的訓練師協助，這個方法對狗狗更友善也更有效。最成功的服從競賽犬、敏捷犬、搜救犬、炸彈偵測犬、導盲犬、導聽犬、服務犬和護衛犬，全都使用以獎勵為主的動機訓練法，很少訓斥，這不就是在說，我們也應該以同樣的方式訓練寵物犬嗎？

驅逐永遠是最有效的處罰

有效運用獎勵訓練法，處罰就不再必要。然而，經驗不足的訓練者或許覺得自己的新手訓練技巧需要補強，因此經常在訓練中加入責罰。即使如此，你在處罰狗狗時也沒必要走過去，彎下腰，威脅怒視，抓起牠的毛皮甩動牠，大吼大叫，驚嚇牠或傷害牠。

例行訓練出錯時，指示性的斥責就很夠了，例如：「出去！」、「玩具！」、「坐下！」、「放慢！」或「快點！」，稍微提高的音調和語氣變化就能顯示急迫程度，每個單詞口令則可以讓你的小狗知道該做什麼才能回到正軌。

即使犯了比較嚴重的錯誤，也沒有必要嚴厲處罰。事實上，當你使用以歡樂和遊戲作為獎勵的訓練方法，驅逐永遠會是最有效的處罰。作法是短暫暫停，不再玩訓練遊戲，不再有獎勵，也不再有你在場。冷靜輕聲地叫你的狗離開房間：「羅佛，出去！」驅逐只需要幾秒鐘，最多一兩分鐘，然後一定要堅持狗狗道歉和好，讓牠順從地來你身旁坐下及趴下。一旦「驅逐」這種停止訓練的手段成為你的最佳處罰，你已經達成了眾所追求的訓犬境界。

如果你在暫停期間快樂地搖著零食罐，驅逐效果會特別有效。每當我家某隻狗處於暫停處罰，我會特別開心地訓練其他狗，並發放很多「壞狗狗零食」，我會說：「奧梭，好乖！怎麼不吃塊壞狗狗菲尼克斯的零食呢？」這招在我家很有效。有一次，菲尼克斯在暫停時間完全忽略客廳裡的我，我極為不滿，於是假裝吃起牠的零食：「哇！菲尼克斯的零食好好吃喔！」當我讓牠回到客廳時，牠趴了下來，死盯著我長達半小時之久。

以輕柔和善的聲音下達驅逐命令，並且作勢指著門，這有助於你控制怒氣和情緒。頭一兩次你可能必須趕著小狗走出門，但牠很快就能學會聽從你的口令。此外，在幾次驅逐之後，你輕聲和善說出的「出去！」口令將成為制約處罰，這對小狗的行為來說，具有立即而戲劇化的影響。

在這個訓練階段，「出去！」口令將成為極為有效的警告。當你和善地詢問小狗：「羅佛，你想要專心，或是你想要出去呢？」觀察小狗的反應，牠最有可能做的是馬上振作專注起來。假使如此，輕聲要牠趴下，讓牠留在身旁的定點等待，如果牠沒這麼做，用你最和善輕柔的口氣告訴牠：「出去！」並且用手指著門。

大多數被驅逐的狗狗會很不情願地離開，並且留在門外往裡頭張望。然而，如果是還沒受過很多訓練的年輕小狗，在牠表現不佳時，最好由你迅速離開。為了這麼做，和小狗玩遊戲或訓練時，請待在牠的長時間限制範圍裡，這樣在牠處於暫停時間時，才不會有機會進一步作亂。一兩分鐘的暫停時間就夠了，然後再回到小狗身旁，要牠聽從指令過來、坐下及趴下，讓牠補償一下並且表示一點尊重。

這樣做，讓狗狗不再討厭被抓住項圈

有兩成的狗咬人事件發生在家庭成員伸手去抓狗的頸背或項圈時，用不著火箭科學家也能看出原因——很顯然，狗狗已經學會有人抓住牠的項圈時，就會有不好的事發生。於是牠變得怕手，和人玩起你追我跑的遊戲，或者出現防禦反應。如果你伸手去抓狗狗的項圈時牠會躲開，這可能就有潛在的危險了，例如，你得知道當狗兒企圖擠出大門衝出去時，你能否有效抓住牠。

請教導你的小狗喜歡有人抓住牠的項圈。首先，避免你的小狗對人手產生負面聯想；其次，教導小狗被人抓住項圈時，只會發生好的結果。

情況一、如果你讓小狗毫無中斷地一直玩，然後在抓住牠的項圈時結束遊戲時間，由於項圈被抓住代表遊戲時間結束，牠當然會變得愈來愈不喜歡被你抓住項圈。

請經常抓住小狗的項圈，中斷牠的遊戲時間，叫牠坐下，稱讚牠，給牠一顆飼料，然後放開牠，讓牠再去玩，起初在家中這麼做，接著在公園裡做。這麼一來，小狗學會被人抓住項圈不必然代表遊戲的結束，相反地，項圈被抓著代表短暫休息，以及被飼主稱讚的時間，之後可以繼續玩。此外，每次中斷遊戲，都讓你可以利用「重新開始遊戲」作為獎勵，鼓勵小狗聽話坐下與讓你抓住項圈。

情況二、如果你抓著狗狗的項圈並把牠引入或拖進限制範圍，毫無疑問地，牠也將變得不喜歡有人抓牠項圈，而且也不會喜歡待在限制範圍裡。

請教導你的小狗喜歡待在限制範圍裡，用飼料塞滿幾個中空的啃咬玩具，放進小狗的限制範圍裡，然後關上門，把小狗關在限制範圍外，要不了多久，你的小狗就會求著要進去。

現在你只要簡單告訴小狗：「上床去！」、「進籠去！」或「進去！」，再把長時間限制活動範圍的門打開，你的小狗將開心地衝進去，咬著牠的啃咬玩具安靜休息。

情況三、最重要的是，向你的小狗保證你**永遠不會**叫牠過來，然後抓住牠的項圈訓斥牠或處罰牠。只要這麼做過一次，牠就會痛恨被召喚，也痛恨你伸手去抓牠的項圈。如果你叫小狗過來後處罰牠，牠下次過來的速度就會更慢，到最後緩慢過來的反應將變成全無反應，你的小狗依然會出現不良行為，只是你現在抓不到牠了！

如果你曾經在抓住小狗的項圈之後處罰牠，牠很快就會變得怕手。為了避免小狗變得怕手，在你抓住牠的項圈之後，給牠一顆飼料吃，每天重複很多次，逐次加快你伸手抓項圈的速度，很快地，你的小狗就會對有人抓住項圈發展出強烈正向聯想，甚至可能期待有人這麼做。

如果你的小狗已經有點怕手，你最不該做的事就是去抓牠的項圈，相反地，練習伸手去碰牠不在意被人碰的部位，或是牠其實很喜歡被人碰的部位，接下來再慢慢逐步往項圈的部分接近。一開始就先給狗狗一顆飼料，讓牠知道遊戲開始了，狗狗心裡會想：「這個開場還不賴！」然後再伸手去碰牠的尾巴末端，並馬上再給牠一顆飼料。如果碰得到尾巴末端，接著再去碰離尾巴末端兩三公分處，並給牠一顆飼料，然後再去碰離尾巴末端五六公分處、碰七八公分處，依此類推。每碰一次就愈來愈接近項圈。假以時日，當你伸手去抓項圈也不會讓狗狗討厭生氣了。碰觸到項圈的頭兩次，請給一兩塊冷凍乾燥的肝臟零食。

逐步減敏的關鍵在於放慢進度，只要你懷疑狗狗有點害怕或不安，就回到第一步——碰尾巴末端，而且把進度放得更慢一些。

不進行小狗社會化的常見藉口

◎「牠和我沒有問題！」

太棒了！社會化的第一步當然是確認小狗對家人全然友善，但是讓牠與朋友、鄰居、客人和陌生人廣結善緣甚為必要，這樣牠才不會拒絕獸醫的檢查，或拒絕小孩打鬧般地抓住牠或擁抱牠。

◎「我們的家人已經給了小狗夠多的社會化。」

錯！為了讓小狗長大後能夠接受陌生人，牠每天至少必須見到三個陌生人，而不是一直見到相同的人。

◎「我沒有任何可以幫我家小狗社會化的朋友。」

你很快就會有了，幫小狗社會化將神奇地改善你的社交生活。邀請鄰居到家裡來見見小狗，邀請同事回家見見小狗，找找附近有無幼犬班，邀請班上一些小狗飼主到家裡，他們肯定對你未來將遇到的問題感同身受。

如果你無法邀請大家回家見小狗，把牠帶到安全的地方見見人，但在牠滿三個月大和打足預防針以前，到公共場所時不要把牠放在地上，因為那裡可能經常有未接種的成犬出入。買個軟質籠子，出外辦事時帶著小狗去，例如，去銀行、書店或五金行；看看是否可以帶牠去上班；接下來則帶牠去幼犬班、狗公園或在附近散步。

總之，小狗需要馬上遇見很多人，所以不管你打算怎麼做，不要把牠藏起來。

◎「我不想讓我的狗吃陌生人給的零食。」

或許你擔心有人會毒死你的狗，但通常狗狗只有被獨自留在後院裡，或是被放出去遊蕩時，才會被人毒死。而狗狗會被獨自留在後院，往往是因為牠們沒有做好大小便訓練，無法留在屋內。

當然，你不會邀請討厭狗的陌生人來和你的小狗互動，而是邀請篩選過的親友和鄰居。無論如何，我們都應該教小狗只有在聽到「羅佛，去拿！」之類的口令，才可碰觸或接受人們手上的東西，包括食物在內。

狗狗學會這些基本禮儀後，牠將只接受知道牠名字，以及下達去拿口令的人所給的食物，而知道這麼做的通常就是親友。

◎「我不想要我的狗喜歡陌生人，我想要牠保護我。」

你要不要把這話說給小狗的獸醫，或你家小孩的朋友父母聽？如果你的意思是希望你的狗有些保護性的功能，那就不一樣，但你當然不會讓一隻社會化不良的狗自己決定要保護誰、對抗誰，以及怎麼保護。

任何好的護衛犬必須先成為社會化超級完善的狗，擁有完全的自信，然後再小心教導牠如何護衛、何時護衛，以及護衛誰。

訓練你的狗依照指令吠叫或低吼，就足以達成嚇阻的護衛作用，你可以教牠在某些特定的情境出聲，例如：有人進入你的土地或碰了你的車。警示吠叫的嚇阻效果極佳，尤其，如果狗狗能做到在路人單純經過你家或車子時不會吠叫的話。

◎「我沒時間。」

那就把小狗給有時間的人養！如果有人願意花時間幫牠進行社會化，牠可能還有得救。

◎「我需要向小狗展現我的支配地位，牠才會尊敬我。」

不一定要這麼做，或說根本不需要這麼做。如果你以肢體暴力向小狗展現地位，牠不會尊敬你。牠可能會勉強又恐懼地聽從你的口令，但絕不會尊敬你，比較可能的是，你的狗會愈來愈討厭你。

有些簡單又好玩的方式可以讓你的狗表達對你的尊敬。多年前在我的幼犬班上，某對年輕夫婦有個四歲大的女兒克莉絲汀和一隻羅威那犬潘哲，上課時克莉絲汀的訓練做得比她父母還要好，她能穩定一致地讓潘哲過來、坐下、趴下和翻滾。潘哲躺在地上時，克莉絲汀會搔牠的肚皮，牠則把後腳打開露出肚子。克莉絲汀用細細尖尖的聲音對潘哲說話，她一喊，潘哲就照做，我們可以說是克莉絲汀發出請求，而潘哲也同意，或說是克莉絲汀下令而潘哲服從。最重要的是，潘哲開心自願地順服。小孩訓練狗時，只有開心順服才是安全合理的順服方式。

克莉絲汀向潘哲展現支配地位了嗎？當然！不過她的方式比使用蠻力更有效。克莉絲汀是個小孩，想控制潘哲的行為必須用腦袋而不是肌肉，她在心理上支配了潘哲的意願。

克莉絲汀的訓練獲得了潘哲的尊敬和友誼，潘哲尊重她的期望，而且在無繩召喚時迅速回到她身旁，顯示出牠喜歡克莉絲汀。牠會坐下來、趴下來，顯示牠真的喜歡她，想要待在她身旁。牠的翻滾表現出牠的順服，把後腳打開露出鼠蹊部則顯示出牠的尊重。在狗的語言裡，露出鼠蹊部代表：「我的地位很低，我尊敬你較高的地位，我想當朋友。」

如果你要小狗尊敬你，以誘導訓練的方式教牠過來、坐下、趴下和翻滾，如果你想要小狗表現尊重，教牠舔你的手或和你握手，舔和用前腳撥都是主動順服的行為，顯示狗狗想當朋友。如果你喜歡小狗表現狗狗的尊重方式，在牠側躺時搔搔牠的私處，牠就會打開後腳露出鼠蹊部。

◎「這個犬種的狗狗特別不愛人摸。」

用這個藉口放棄進行碰觸練習、撫摸或社會化訓練，實在蠢得無可言喻。

如果你所做的犬種功課讓你深信自己有個不愛被摸的犬種，你更應該要加倍或三倍地做社會化和身體碰觸練習，並且把所有發展期限提前，提早進行每項訓練。最詭異的是，幾乎每個犬種都有人跟我說過這個藉口。

一旦你開始認為你選的犬種讓你無法招架，請立即尋求協助。在你導致小狗的性情產生無可挽回的傷害之前，找個能夠教你如何處理小狗狀況的訓練師。

◎「我的另一半／重要伴侶／父母／孩子／室友選了窩裡最強勢的小狗。」

你記得挑選小狗的首要規則是：選全家人一致同意的那隻嗎？好，現在說這個是有點晚了。我的建議和前面一樣，一旦你懷疑自己養了隻問題不小的小狗，請花加倍或三倍的心力進行社會化和身體碰觸練習，並且提早開始每項訓練。此外，你可能要考慮學習如何訓練你的另一半、重要伴侶、父母、孩子或室友。

◎「這隻小狗天生有問題！」

我的建議和前面一樣，一旦你懷疑自己的小狗有些與生俱來的問題，以加倍或三倍的心力進行社會化與身體碰觸練習，並且提早開始每項訓練。

現在要做基因篩選有點太晚了，況且做出來你又能怎樣，改變牠的基因嗎？許多人利用犬種、地位或先天狀況作為放棄小狗的藉口，也用它作為不進行社會化和訓練的藉口。事實上，社會化和訓練才是這隻狗狗的唯一希望，牠需要大量的社會化和訓練，而且必須現在就開始做！

無論你家小狗的犬種、犬系，或是來到你家之前的社會化和訓練程度，此時牠的性情、行為或禮儀表現上的任何變化，完全取決於你給牠的社會化及訓練。訓練你的小狗，牠就會有所改善，不訓練牠的話，牠會變得更糟。你家小狗的未來完全操之在你。

◎「牠還只是小狗！」、「牠還真是可愛！」、「牠只是在玩！」或「長大就好了！」

你的小狗當然只是在玩而已：吠叫、低吼、咬人、打架，捍衛骨頭或爭搶拔河。發生這些現象時，如果你只是對著牠大笑，隨著牠愈長愈大，牠將繼續玩這些有攻擊性的遊戲，不必太久，你家完全成熟的狗狗就會「玩起」真的來了。

小狗的遊戲行為極為重要，如果要讓狗狗學會自己的行為在社交上有什麼重要性，尤其是讓牠了解每項行為在不同情境下是否合宜，遊戲行為就不可或缺。就某種程度來說，遊戲行為讓小狗學會牠可以胡鬧到什麼程度，你需要做的是教導小狗遊戲規則，牠在幼犬期學到愈多規則，長大以後就會變成一隻愈安全的狗。

小狗的吠叫和低吼相當正常，只要你希望牠停止時牠就會停止，就算是可接受的行為。要讓八週大小狗停止吠叫或低吼相當容易，只要你靜止不動，就比較容易讓小狗冷靜下來，對牠說「噓！」，在牠鼻頭晃一晃零食，在小狗終於安靜下來時，對牠說：「好乖！」並餵牠零食。

同樣地，只要你不讓小狗起頭玩拉扯拔河遊戲，而且隨時可以讓牠放掉物件後坐下，這也是個正常而且可接受的遊戲。要教兩個月大的小狗這兩個規則很容易，在玩拉扯拔河遊戲時，至少每分鐘叫小狗放開物件，並且坐下一次，定時停止拉扯動作，告訴牠：「謝謝！」

然後在牠鼻頭晃一晃零食，當小狗放開物件去聞零食時，稱讚牠並叫牠坐下，在牠坐下後大肆稱讚牠、餵牠零食，然後重新開始拔河遊戲。

訓練狗狗依指令吠叫和低吼

訓練小狗依照指令吠叫和低吼相當容易，這麼做有許多實際用途。跟小狗說「說話！」，然後請人按門鈴促使牠吠叫。幾次之後，在你說「說話！」後，小狗預期到門鈴會響，就會開始吠叫。

同樣地，也可教小狗依照指令低吼。在拉扯拔河時，跟小狗說「低吼！」，然後激動地和牠拔河，當牠低吼時，對牠大肆稱讚，然後說「噓！」，停止拔河，讓牠聞聞零食，當牠停止低吼，冷靜地稱讚牠，給牠零食。

教你的小狗依照指令吠叫和低吼，也有利於教牠「噓！」。讓小狗依訊號出聲讓你隨時能夠教導「噓！」，這會比在牠害怕陌生人接近，或門口有客人讓牠極度興奮時，設法讓牠安靜來得容易。交替練習「說話！」和「噓！」，直到小狗完美表現，牠很快就會學到要在依照指令吠叫或低吼後安靜下來。以後你的小狗興奮或害怕時，聽到要求安靜的指令，才能理解指令的意思。

愛出聲的狗狗比安靜的狗狗容易嚇到人，尤其是不斷吠叫、弄得自己激動瘋狂的狗。一個訓練良好的「噓！」口令，將使牠很快地安靜並冷靜下來，也比較不會讓客人，尤其是小孩覺得牠很嚇人。

教狗狗「噓！」的口令對牠才公平，許多狗因為吠叫或低吼不斷而受到訓斥和處罰，這只是因為沒人教過牠們聽從指令安靜。不幸的是，許多成犬只是因為興奮、熱情或無聊而吠叫，或是利用吠叫和低吼來懇求你，和牠們玩幼時與你一起玩的遊戲。

訓練狗狗依照指令吠叫及低吼，可以促進飼主和狗狗的自信。教導狗狗依照指令出聲吠叫和低吼，也有利於教導「噓！」的口令。

不可思議的後知後覺！

「牠對陌生人有點慢熟！」

「牠不是非常喜歡小孩！」

「牠有點怕手！」

和狗狗一起生活的人，要如何知道陌生人和小孩的出現會使牠緊張，而且牠害怕人的手？可憐的狗狗肯定處於極度焦慮的狀況，到底要牠向你乞求、懇請或警告多少次，你才會知道牠對陌生人和小孩感到不自在，也不喜歡有人伸手去抓牠的項圈呢？

意外的發生根本就指日可待，要是有個陌生小孩就在牠的狗碗附近，伸手去抓牠的項圈，剛好遇上狗狗心情不佳，會發生什麼事？小孩被咬是絕對避免不了的。但我們會說什麼？狗狗毫無預警也沒有理由就咬人？這隻可憐的狗狗至少有五個咬人的好理由：第一、陌生人；第二、小孩子；第三、伸手抓牠的項圈；第四、接近牠的狗碗；第五、心情不佳。而且事實上，狗狗不斷給予家人預警，已經有好一陣子了。

如果有任何惹惱你小狗的事，馬上讓牠對這個特定的刺激或情境進行減敏，協助牠建立自信，牠才不會帶著壓力或恐懼面對日常事件，狗狗需要的自信建立訓練前面都已經說過了，請用這些方法訓練牠！

三 處理狗狗的護物行為

護物行為是家犬常見問題，如果飼主允許護物行為在幼犬期逐漸發展，它就會出現。有些飼主可能沒有注意到，家中正值青春期的狗變得愈來愈有占有欲和護衛性，事實上，有些人甚至還鼓勵小狗的護物行為，認為這很可愛。

狗狗會護衛所有物是天生自然的行為。野外的狼很少會跑到隔壁借點骨頭，家犬卻很快就會學習到，一旦東西消失就永遠不會再出現了，所以狗狗會設法不讓人類拿走所有物，一點也不令人意外。

如果你經常拿走小狗的食物或玩具，而且不還牠，牠將學會把東西拱手讓人就代表不會再看到它。你的小狗因而發展出不讓你拿走東西的行為也就不難理解。牠可能會跑去把東西藏起來、緊咬著不放、低吼、齜牙咧嘴或是空咬。

母狗比公狗更會護衛東西

母狗可能比公狗更會護衛東西。在家中的狗群裡，常常可以見到位階極低的母狗在位階相當高的公狗面前，成功地護衛自己的骨頭。事實上，在公狗階層體制裡，母狗的第一原則就是：「我有，你沒有！」

對公狗來說，護物行為是最為凸顯牠缺乏安全感及自信的表現，這種行為常出現在沒有安全感的中位階公狗身上，但絕對不是「最高位階狗狗」的行為。

事實上，真正高位階的狗狗對自己的位置很有自信，通常相當願意與低位階的狗狗分享骨頭、玩具或狗碗。

如果你發覺自己在小狗護物時讓步退開，而且不知如何是好，立即向認證過的寵物犬訓練師尋求協助。否則這個問題很快就會變得不可收拾，你家也很快就會出現一隻要你退開的成犬。重新訓練一隻會護物的成犬既複雜又耗時，也有危險性，你絕對需要經驗豐富的訓練師或行為諮商師從旁協助。相反地，在幼犬期預防出現護物行為簡單又安全。

好用的「走開」和「拿去」口令

首先，確認小狗發展出強烈的啃咬玩具習慣，如果牠總是想玩啃咬玩具，牠就不會去找不當的東西玩，害你需要拿走它。此外，教小狗依照你的要求自願放棄牠的啃咬玩具。你必須教導狗狗：「自動放棄某個東西不代表永遠失去它」。牠應該學到，放棄骨頭、玩具和衛生紙，代表會獲得更好的回報——稱讚和零食，而且等一下就能把玩具拿回來。

具體作法是，在你用手餵食飼料時，教導狗狗「走開！」和「拿去！」口令。

例如，說「拿去！」然後餵牠一顆飼料，重複三次。然後說「走開！」，再把飼料穩當地藏在拳頭裡。你可以讓狗狗盡可能嘗試弄出飼料，牠會用腳去撥你的手並含咬你的手。如果牠把你咬疼了，慘叫一聲！忽視牠，給牠三十秒暫停時間，然後叫牠過來、坐下及趴下，再繼續練習。最後你的狗會暫時放棄，把口鼻從你的手移開，一旦牠放棄碰觸你的手，說「拿去！」並打開手，讓狗狗從手心取食。不斷重複練習，逐漸拉長狗狗不接觸手的時間，再下令「拿去！」讓牠取食。

我發現的有效作法是，在狗狗沒有碰到手時稱讚牠：「好乖一，好乖二，好乖三……」依此類推。一旦你講十次好乖，狗狗仍然可以不碰你的手，你就可以用大拇指和食指捏著飼料向牠展

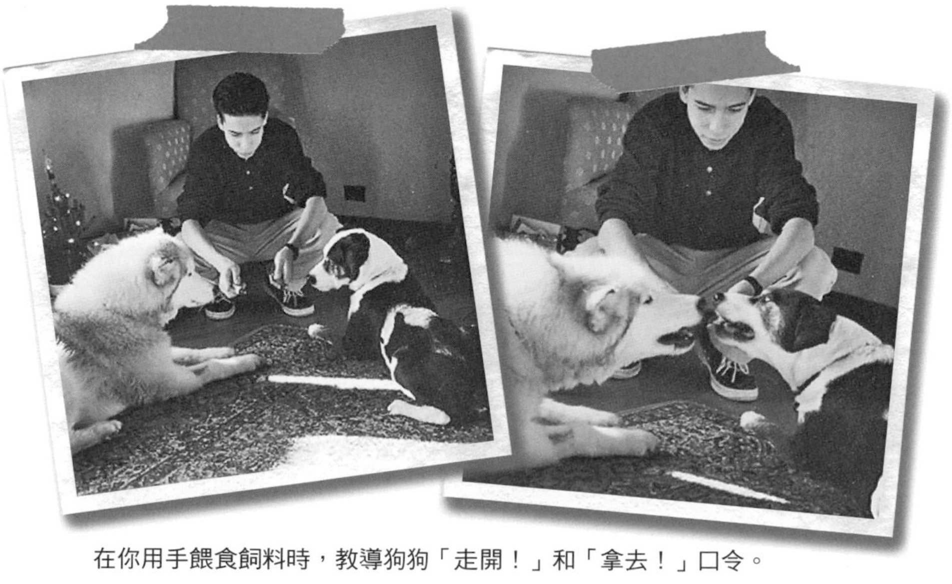

在你用手餵食飼料時，教導狗狗「走開！」和「拿去！」口令。

示的方式，練習「走開！」或「拿去！」。最後，你可能可以在練習「走開！」時，把飼料放在地上，然後把它拿起來，再下令「拿去！」。

代幣遊戲！用高價值的東西交換零食

拿一個你和小狗可以同時掌握住的東西來練習，例如，捲起來的報紙或綁上繩子的 Kong 玩具。肢體接觸在持有物的遊戲裡極為重要，如果你還抓著某個物件，小狗比較不可能出現護衛它的行為，但你一旦放手，你的小狗就比較可能會保護牠的獎品。

如同前述練習，告訴小狗「走開！」，然後再說「去拿！」，把這個物件在牠嘴前搖晃誘惑牠，當牠咬住物件就稱讚牠，不要放開這個物件，告訴小狗「謝謝！」，停止晃動物件

教導「走開！」有許多有用的用途。

以鼓勵小狗停止拔河的動作，同時用你的另一隻手在牠鼻頭前晃動一塊非常美味的零食，如冷凍乾燥肝臟零食，當牠一鬆口，而且你也完全持有這個物件時，馬上稱讚牠，持續稱讚，在你一邊餵牠一塊，兩塊，或三塊零食時，可以誘導小狗坐下或趴下，然後再叫牠咬住物件，重複整個過程。

等小狗可以連續五次迅速依照你的要求放棄物件時，你就可以在每次練習時放掉物件。這時候，你可以改拿比較小的物件來練習，如沒綁繩的 Kong 玩具、網球、骨頭或其他玩具。一旦小狗學會熱切地啃咬物件並且迅速交給你，你只要丟下或拋出物件，然後說「謝謝」，你的小狗就會去把它撿起來，再放到你手裡。瞧！這下你有了一隻忠心的拾回犬！

拾回遊戲！建立狗狗的自信

拾回是樂趣多多的好練習，有很多用途，例如，找回丟掉的鑰匙、去拿拖鞋和收玩具。大多數的狗狗都喜歡拾回，牠們很快就會對於把東西交給人發展出自信。對狗狗來說，這是項很棒的交易，「暫時用玩具換取零食」，在牠們享用零食時，由飼主安全地拿著玩具，然後牠們再拿回玩具，以換取更多零食。

事實上，有些小狗很愛把東西交給飼主，頻率甚至高到讓人煩到不行，如果你的小狗在你沒有請求時把太多東西拿來給你，指示牠「拿去你床上！」就好。事實上，這是教小狗自己收玩具最好的方法之一。

教會狗狗拾回東西後，本身具有玩具價值的東西現在更多出了代幣價值，可以用來交換稱讚及獎勵。和狗狗玩拾回遊戲是大幅提高玩具價值的絕佳方法，不但可以提升玩具作為訓練誘餌和獎勵的效力，也大幅提高一隻無聊小狗把玩自己玩具的可能性，讓牠不至於去玩家裡或戶外不該玩的東西。

一旦上述的交換練習發生效用，把物件本身的價值提高，例如在Kong玩具或骨頭裡塞入零食。

教狗狗「沒有人要偷走牠的食物」這件事

在你家小狗滿十週大以前，你也應該和牠多做以下的自信建立練習，即使是面對十週大的小狗，我也建議練習時找位助手幫忙。

把帶肉骨頭的一端綁上繩子，如果小狗發出低吼，請助手馬上猛扯繩子，把骨頭拉走，迅速用垃圾筒蓋住它，如果小狗在進行狗碗訓練時也發出低吼，也可以用垃圾筒蓋住狗碗。

不要浪費時間訓斥小狗的低吼。反之，只要牠一停止低吼，一定要加以稱讚和獎勵。此外，你必須確實做到狗狗

如果你讓小狗自顧自地躲起來啃骨頭不去中斷牠，牠可能會變得有護衛性和防禦性。除非你已經能夠相當輕鬆地從狗狗那裡拿走骨頭，否則不可以給牠骨頭讓牠自己啃。像前面提到的一樣，練習「走開」和「拿去」，但由你拿著骨頭讓狗狗啃。不時告訴牠「謝謝！」，並在牠的鼻子前晃動一塊非常美味的零食，同時把骨頭收回，在狗狗吃零食時保留骨頭，告訴牠坐下並趴下，然後再重複練習上述步驟。

低吼後立即讓牠失去骨頭或狗碗。許多狗起初看到食物被拿走時會低吼，這不代表牠們是壞狗狗，牠們是正常的，低吼是相當天生自然的行為。

然而，你的小狗必須學會，低吼沒有用，這樣低吼行為才不會加劇，並一直持續到青春期。在小狗發展自信的過程中，牠將學會你沒有偷走牠食物的意圖，所以牠沒有理由低吼。當牠停止低吼時，稱讚牠，退開，叫牠坐下和趴下，把東西還給牠，然後再次重複整套步驟。

如果你在進行不護物及不護食的訓練時出現問題，請立即尋求協助，不要等到小狗滿三個月大。

狗碗訓練！預防狗狗護食行為

許多過時的訓犬書會建議，不要在狗狗進食時接近牠，對一隻值得信任的成犬而言，讓牠不受打擾地進食可能是合理的建議，但不代表應該讓沒受過訓練的小狗獨自進食。

如果小狗成長期間一直獨自進食，成犬以後在牠進食之際，可能就不想被人打擾。但是遲早有一天，牠在進食時會被人打擾，這時牠可能就會出現典型的犬類護食反應，低吼、齜牙咧嘴、空咬、前撲，甚至咬人。

無論如何，還是可以告訴大家，不要在你家狗狗吃東西時去打擾牠，但你也必須先確定，你家狗狗在狗碗旁完全值得信任。你不僅要教牠可以容忍有人接近牠的狗碗，還要教牠滿心期待用餐時有人打擾。

你可以在小狗吃飼料時抓著牠的狗碗，餵牠好吃的零食並撫摸牠，讓牠學會吃飯時有人在場撫摸並給牠零食是件更開心的事。或是讓小狗從狗碗裡吃飼料，給牠一塊美味的零食，並在牠享用零食時暫時拿走狗碗，接

確定狗狗會坐下來等晚餐。

下來再試著先把狗碗拿走，然後才給零食。很快地，狗狗將期待你把碗和飼料拿走，因為這代表美味的零食即將到來。

小狗吃著狗碗裡的乾飼料時，把你的手迅速放入碗內，並給一塊美味的零食，給小狗時間重新探索一下乾飼料，找找是否還有零食再重新開始吃飼料。接著，再把你的手插入碗內給另一塊零食。重複多次，你的小狗很快就會習慣，並期待狗碗附近突然出現的手部動作了。上述練習還會讓小狗大為驚嘆，因為那就像魔術師從某個人耳後拿出了一朵花、一顆蛋或一隻鴿子。

你也可以在小狗進食時坐在一旁，並請家中成員或朋友走動經過你們。每次有人經過，就挖一小塊罐頭狗食放在飼料上頭，你的小狗很快就會把「有人接近」和「飼料上出現美味多汁的罐頭狗食」這兩件事建立關連。接下來，請親朋好友接近小狗，把一塊零食丟入狗碗中，小狗很快就會喜歡上「吃飯時有人和禮物出現」這件事了。

「失職服務生」戲碼

你曾經在餐廳裡等了足足一小時只有麵包和水，而你甚至還沒點菜嗎？「服務生在哪？希望他趕快過來。」的「失職服務生」戲碼，可以促使小狗出現相同的反應，大多數狗狗將會哀求你到牠的狗碗附近來。

把狗狗的晚餐飼料拿出來，放在流理台上，然後把牠的狗碗放在地上，裡頭只放一顆飼料。設法把牠的反應用攝影機拍起來，牠將會不可置信地看著狗碗，來回看著你和狗碗，吞下那一顆飼料，然後把空碗徹底聞過一遍。

你若無其事地走離狗碗，找件事忙，或許問狗狗是否喜歡晚餐：「小姐，還合你的口味嗎？可以上第二道菜了嗎？」等到牠哀求你給更多時，走過去把碗拿起來，再放入一顆飼料，等牠坐下後，再把碗放在地上。

你家狗狗將變得愈來愈冷靜，隨著你呈上的「每道菜」，牠的禮儀也會有所改進。此外，把狗狗的晚餐分成少量多次，你也可以教會狗狗歡迎你來接近牠。

「牠在狗碗旁邊是有點難搞。」

青春期狗狗表現出護食及護物傾向的數字，多到令人意外，但牠們的飼主卻還是置之不理。儘管護衛食物和物品的遊戲行為，對於發育中的小狗相當正常，也可以預期，但我們不能容許青春期狗狗或成犬出現防禦性的保護行為。最重要的是，我們應該建立小狗的自信，使牠不再覺得需要捍衛狗碗、骨頭或玩具以免被人拿走，這件事事實上也極為容易。

如果你發覺狗狗對任何東西出現了一點點保護行為，請你馬上採取行動，本課已經羅列所有必要的自信建立練習，如果你認為這個問題超乎你可以控制的範圍，請在狗狗還是小狗時，馬上尋求協助。

護物案例分享：衛生紙

許多年前我有個諮詢個案，牠是隻一歲大的狗，會偷走用過的衛生紙再和主人玩「你抓不到我！」的遊戲，這讓主人氣惱不已。狗狗跑到床底下，主人用掃把戳牠，牠便咬了主人的手腕。

在這個個案之後，我處理過許多類似個案，為了偷衛生紙而演變成人犬彼此傷害，實在可笑之至。

如果你不想要你的狗偷衛生紙，就把它丟到馬桶裡沖掉。另一方面，如果狗狗覺得衛生紙很有意思，那就利用衛生紙作為訓練時的誘導物或獎勵，或是每天給牠一次當作牠的玩具。

教會年幼的狗狗以捲起來的報紙、捲筒衛生紙或平版衛生紙來交換零食是必要的，這麼做牠才不會對紙類製品表現出占有和保護的行為。

第七課

學習嘴勁控制

最佳上課時間：狗狗四個半月大前

狗狗會咬人，感謝老天牠們會這麼做。小狗開咬是正常、自然而且**必要**的小狗行為，咬著玩則是牠們發展出嘴勁控制和輕柔用嘴的方法。你家小狗用嘴咬且獲得適當回饋的次數愈多，成犬後牠的嘴巴就愈安全，如果狗狗在小狗時不含不咬，牠們長大後比較可能造成嚴重的傷害。

嘴勁控制是伴侶犬不可或缺的特質

小狗喜歡咬，所以會有很多咬著玩的情形，雖然牠們的利齒咬得人很痛，但是還沒什麼力的上下顎很少會造成嚴重傷害，應該及早在發育中的小狗發展出能傷人的強壯上下顎之前，讓牠有機會學到「咬人會導致疼痛」這件事。小狗有愈多機會和人、狗，以及其他動物咬著玩，牠們成犬時的嘴勁控制愈好。小狗如果在成長過程中無法經常和其他狗或動物互

動，教導嘴勁控制的責任便落在飼主身上。

如果你勤加演練第六課的小狗社會化和身體碰觸練習，你的狗狗會很喜歡人、不太可能想咬他們。然而，假如牠因為受驚或受傷而空咬或咬人，我們希望牠在幼犬期就已經發展出來的良好嘴勁控制，能使傷害降到最低。雖然幫狗狗進行社會化時，很難為牠準備好所有可能嚇到牠的狀況來進行訓練，但確保小狗發展可靠的嘴勁控制倒是不難。

即使受到挑釁，嘴勁控制良好的狗狗很少會咬破皮，只要狗狗造成的傷害很小或毫無傷害，行為矯正就相對容易。然而，一旦你的成犬造成深入的穿刺傷口，行為矯正將極為複雜

良好嘴勁控制

良好嘴勁控制不代表你的狗永遠不會空咬、撲人、輕咬或咬人。良好嘴勁控制的意思是，就算狗狗撲人和空咬，牠的牙齒也幾乎不會接觸到皮膚，假使狗狗的牙齒真的碰到皮膚，牠有所控制的「咬」也將使對方近乎毫髮無傷。

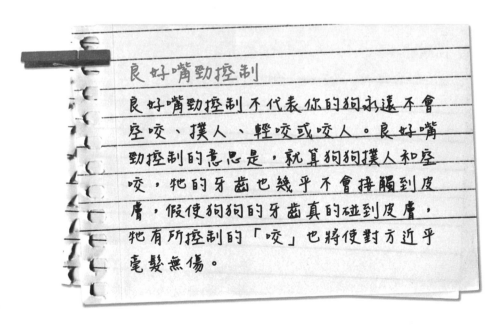

耗時，也有潛在的危險性。

良好的嘴勁控制是任何伴侶犬最重要的特質，狗狗必須在幼犬期就發展出嘴勁控制，在牠滿四個半月大以前。

牠們統統開咬了，但沒有造成傷害

無論你多麼盡力讓你的狗社會化，教牠喜歡人類的陪伴和行為，難以預料的事還是會發生。以下是幾個個案：

- 穿高跟鞋的女飼主不小心踩到沉睡羅威那犬的後腿。
- 獸醫正在醫治伯恩山犬脫臼的肘關節。
- 飼主伸手去抓傑克羅素㹴犬的項圈。
- 美容師正在幫蘇格蘭㹴犬梳開打結的毛。
- 訪客不小心絆倒，剛好飛撲在正啃著骨頭的萬能犬面前，和牠面對面。

• 穿著超人裝的三歲小孩從咖啡桌跳下，正好踩在沉睡的阿拉斯加雪橇犬胸部。羅威那犬和伯恩山犬都大叫起來；伯恩山犬躺得好好地，沒想到要開咬；其他狗狗全都低吼吠叫，很快把口鼻對準肇事者；阿拉斯加雪橇犬站起來，離開房間；羅威那犬和傑克羅素犬做出了空咬和撲人，但是都沒有碰到皮膚；蘇格蘭㹴犬咬住美容師的手臂，輕輕用力含著；萬能犬則輕咬了訪客的臉頰。

牠們全是大多數時刻相當友善的狗狗，關鍵重點是，牠們全都在幼犬期發展出絕佳的嘴勁控制，即使遭遇極度驚嚇或疼痛，嘴勁控制在開咬後〇・〇四秒內就立即運作。沒有任何一隻狗造成了傷害，牠們全都成功完成了行為矯正。

牠很乖，但牠咬傷了人

然而，一位飼主的朋友在關車門時不小心夾住了狗狗的尾巴，這隻狗是大部分人都認為極為友善的犬種，曾被帶到許多學校和醫院進行活動，但牠對著人的手臂深深地大肆開咬。

的確，牠**曾是**隻極為友善的狗，**但牠缺乏嘴勁控制**。牠在幼犬期很少和其他狗狗玩，很少出現小狗啃咬行為（即使有也很輕柔），由於牠長大後從來沒有過任何不友善的表現，對於牠可能咬人的事毫無警訊可循。而且因為牠從未空咬或開咬，對於牠可能會把人咬成重傷，事前也沒有任何警訊。對一隻時常與人相處的狗狗來說，社會化良好但缺乏嘴勁控制是很危險的組合。

有些人可能覺得，狗狗咬人是合理的自衛，但從上述個案可知，那並不是事實，每個個案裡的狗狗可能都覺得牠受到攻擊，而事實是，咬人的那隻狗咬了一個並非刻意想傷害牠的人。

無論你同意與否，人類已經經過社會化，因此我們在美髮師、牙醫、醫生、朋友和認識的人不是故意弄痛我們的時候，不會攻擊他們。同樣地，要訓練我們的狗狗不去攻擊美容師、獸醫、家人和訪客也極為容易，而且絕對有其必要。

狗開咬：壞消息和好消息

狗狗低吼、空咬、輕咬或開咬時，總是令人苦惱，不過在大部分咬人的個案裡，毫髮無傷證明了狗狗具有良好嘴勁控制，讓人放心。狗狗可能因為缺乏社會化而開咬，卻因為有良好嘴勁控制而沒有造成任何傷害。

對飼主來說，得知自己的狗即使被挑釁到忍無可忍也會強烈抑制傷害任何人，往往令他們安心。例如當狗狗被小孩虐待，牠只會低吼和作勢空咬，甚至不會碰到皮膚。

通常，具有良好嘴勁控制的狗狗可能在多次容忍後，才會出現碰到皮膚的空咬，當然也才會出現咬破皮的情形，所以飼主可以得到很多警訊和充足的時間，進行社會化矯正。

令人意外的是，許多飼主忽視這些警訊。請留意你的狗設法告訴你什麼，馬上尋求協助。矯正後的效果很好。

你想讓你的狗成為哪一種？

◎良好社會化＋良好嘴勁控制

極佳組合：喜愛人又極度不可能咬人的完美狗狗。即使受傷或受驚，牠很可能會哀叫或離開，受到極度挑釁時也可能會咬住，但極少會讓對方破皮。這類狗狗在幼犬期有很多機會與其他小狗和成犬打著玩，並且曾和各式各樣不同的人進行含咬、遊戲及訓練。

即使是這樣很棒的狗，請謹記，社會化和嘴勁控制訓練仍是一輩子的功課。這種狗狗可能會「開咬」，但不可能造成任何傷害。

◎不良社會化＋良好嘴勁控制

良好組合：受到挑釁可能空咬、輕咬或開咬的狗狗，但牠不可能會咬破皮。

這類狗狗對陌生人冷淡，很容易跑去躲起來，只有在被窮追不捨、被圍堵或肢體活動受限時，才會空咬、輕咬、開咬。牠在成長期間有很多和其他狗狗及家人含咬及遊戲的機會，但在幼犬期缺乏見到許多人的經驗。

這類狗狗的害怕和冷淡行為，一再提供了清楚的警訊，告訴飼主需要矯正牠的行為，良好的嘴勁控制讓飼主可以安全進行社會化。

狗狗的害怕行為提供了很多警訊，讓可能被咬的人與牠保持距離，牠對人的冷淡行為通常會讓牠遠離陌生人，最有可能的受害者多半是必須碰觸及檢查牠的人，如獸醫和美容師。這類狗狗很可能「咬」陌生人，但不可能造成很大的傷害。

◎不良社會化＋不良嘴勁控制

不良組合：夢魘狗，這類狗狗不喜歡許多人、經常吠叫低吼，很可能會撲上去咬人，並且造成很深的穿刺傷。

事件一開始通常是狗狗邊發出吼聲邊往前撲，並且用力咬一口，狗狗為了準備迅速撤退而把頭後拉，多半伴隨著撕裂傷。

這類狗狗極可能在後院或犬舍裡長大，或者被關在室內，很少接觸其他人、犬，小狗咬著玩的行為也全部遭到禁止。

這類狗狗的救命符是，牠會大聲明白地宣告自己缺乏社會化，很少人會傻到進入可能被咬的距離，因此不常發生陌生人被咬的事件，咬人事件通常歸咎於飼主在多次得到應該把狗帶開的警示後，卻極端不負責任。在狗狗對陌生人開咬的事件裡，這類狗狗通常在咬了一口後就趕緊撤退。飼主常常是被咬的受害者，因為只有他能經常接近狗狗。

◎良好社會化＋不良嘴勁控制

糟糕組合：真正的夢魘狗，一隻極危險的狗狗！狗狗討人喜歡的外在表現掩飾了隱而不見的真正問題——不良嘴勁控制。牠很親人也喜歡有人陪伴，除非遇到極度挑釁或疼痛才會開咬。但牠一開咬就是深入的穿刺傷，常造成很大的傷害。

這類狗狗在幼犬期有許多機會和不同的人進行遊戲及訓練，但是飼主可能阻止牠含手和咬著玩的行為，牠對狗的社會化不足，而且可能不被允許和其他狗打鬧玩耍。

任何喜歡和這類狗狗社交或遊戲的人都可能被咬，包括小孩、朋友、家人及陌生人，每次開咬也可能都是多次咬傷，因為牠不會急著撤退。

社會化和嘴勁控制，全都取決於你

許多人認為，不低吼或不咬人的狗才是「好狗」，否則就是「壞狗」。然而，真正重要的不在於狗狗是「好」是「壞」，而是牠具有「良好」或「不良」的社會化與嘴勁控制訓練。狗狗的社會化程度以及牠是否會低吼、空咬、輕咬或開咬，取決於幼犬期的社會化，而幼犬期的社會化程度則完全取決於飼主。

不過，比起狗狗是否低吼或開咬還重要得多的是：當狗狗出現防禦反應時，是否造成了傷害，也就是狗狗在幼犬期學會了多少嘴勁控制。嘴勁控制的程度決定了狗狗是否只會單純低吼、空咬，不碰到皮膚的前撲、不造成破皮的輕咬，或是會留下深入穿刺傷的狠咬。而幼犬期是否學會嘴勁控制，同樣完全取決於飼主。

人類嘴勁控制？

沒有一隻狗的行為完美無缺，幸好大多數狗都有相當好的社會化和嘴勁控制，即使偶爾會對某些人感到害怕、惶恐，大部分的狗狗基本上都很友善。此外，雖然許多狗狗在一生中曾對人低吼、飛撲、空咬甚至輕咬，卻很少狗狗造成嚴重傷害。

以人為例，或許有助於說明嘴勁控制的關鍵性。

很少人能夠坦白承認，自己從未和人有過歧見、從未吵過架或從未氣得動

狗狗的致命力遠遠不如人類

不幸的是，狗狗有時真的會嚴重咬傷人，甚至咬死人。

平均而言，美國每年有二十人被狗咬死，其中一半是小孩，這類令人震驚的事件幾乎總是登上報紙頭版，尤其當受害者是小孩。

更糟的是，一九九九年在美國被殺的小孩超過兩千人！雖然這與狗無關，兇手是小孩子的父母，但這類謀殺案很少成為全國新聞，因為每天被父母殺死的小孩超過六個以上，太常發生了，不具新聞性。

手打人，尤其當衝突對象是兄弟姐妹、配偶或孩子。然而，很少人會把對方打到重傷住院，所以大部分人可以很坦率地承認自己有時不好相處、很好辯或容易動手動腳，但即使如此，還是極少人曾使別人受傷。

狗狗也一樣，大多數的狗狗每天都會大吵、小吵很多次，許多狗狗一生中也曾發生幾次肉搏戰，但是**極少**狗狗曾經嚴重咬傷另一隻狗或某個人，而這就是嘴勁控制的重要性。

嘴勁控制不能等

狗打架為說明紮實嘴勁控制的有效性提供了絕佳的例子。

狗打架時，通常聽起來像是牠們會想盡辦法要對方的命，看起來則像是牠們不斷用力咬著對方。但若在塵埃落定後檢查狗狗，牠們百分之九十九完全不會有穿刺傷，即使雙方打得難分難解，而且情緒都極為激動。這是因為，兩隻狗都有極精確的嘴勁控制，所以沒有造成傷害。這種嘴勁控制是在幼犬期學會的，小狗最愛的頭號活動就是打架遊戲，而在打著玩的過程中，牠們會互相教導嘴勁控制的能力。

除非家中還有已經接種的成犬，否則你的小狗必須暫時生活在毫無狗狗社交的環境裡，得再等一陣子才能進行狗對狗的社會化。在小狗具有足夠的免疫力以前，如果和其他狗進行社會化，而這些狗的接種情況不明，或接觸過藏有犬小病毒腸炎（parvovirus）等小狗重症的犬隻排泄物，小狗所暴露的風險就太高了。

然而，一旦你的小狗具備足夠的免疫力能安全出門（最早是三個月），補足狗對狗的社會化就是當務之急，請馬上報名幼犬班、每天帶牠去散步，並多多造訪附近的狗公園。為了將來的長久歲月，你會感謝自己這麼做的，沒有什麼樂趣比看著自家友善的成犬享受與其他狗狗玩耍更令人愉快了！

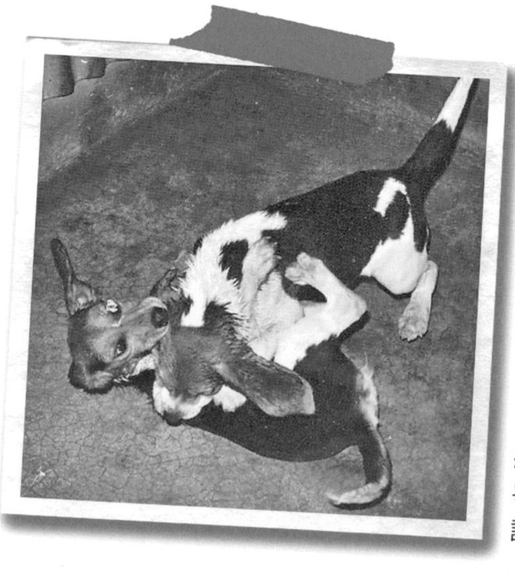

年幼的狗狗經常打架，而且每次要打一陣子才會停。這類打架多半是正常小狗遊戲裡不可或缺的要素，但小狗偶爾也會設法建立或維持地位。

經常性地打著玩，以及偶爾為了爭地位而打鬥，都是小狗學習微調嘴勁控制的必要過程。

另一方面，嘴勁控制無法像狗對狗的社會化那樣暫時擱置，如果家中沒有可以和小狗玩的狗狗，**你**必須在小狗年紀大到可以上幼犬班以前，自己教牠嘴勁控制。

嘴勁控制永遠必要，因為狗狗和我們一起生活

即使你的小狗在家裡有一兩個狗同伴，你還是需要教牠控制對人類開咬的力道和頻率。此外，你必須教小狗在受到人的驚嚇或傷害時，應該如何反應。無論如何牠都應該發出哀嗚，但牠不應該開咬，而且永遠不該發狠用力咬。

即使你的狗很友善，會溫柔地用嘴含，最晚在五個月大以前，你就必須教過牠，絕對不能在沒人要求時，用嘴碰到任何人的身體或衣物。雖然含咬對小狗來說有其必要，較年輕的青春期狗狗也還可以接受，但若是比較年長的青春期狗狗或成犬，含咬訪客或陌生人就極為不當。想像一隻六個月大的狗狗接近小朋友，咬住他的手臂，絕對是無法接受的，無論那隻狗狗多麼溫柔友善或只是想玩，都會嚇壞小朋友，更別提小孩的父母了。

一 嘴勁控制練習

請仔細閱讀此節，我會不斷提醒你：教導嘴勁控制是最重要的幼犬教育項目。當然，我們終究必須讓小狗的含咬行為消失，不能讓成犬像小狗般對親朋好友或陌生人咬著玩。但這得透過系統化的兩階段過程逐步進行：首先，抑制小狗咬人的力道；其次，減少小狗咬人的頻率。

理想上，應該循序漸進地教這兩個階段，但如果小狗極愛咬人，你可能會希望同時進行這兩個階段。無論作法為何，你都必須在小狗還沒有完全停止咬人行為之前，教會牠溫柔含咬。

抑制嘴勁力道

小狗咬你後獲得適當回應的次數愈多，牠的嘴勁控制就會愈好，成犬後你就愈能信任牠的嘴巴。減輕小狗咬人力道的適當回應包括：溫柔含咬時予以稱讚，稍微用力咬時則哀叫一聲，並暫停遊戲。

這是你要教小狗的第一步：停止牠咬痛人的行為：教牠抑制咬著玩的用嘴力道，不需要訓斥牠，也沒必要體罰牠，但你必須讓牠知道牠咬痛人了。只要尖叫一聲「啊！」通常就夠了，當小狗退開，花一點時間「舔舔你的傷口」，叫牠過來、坐下和趴下，作為道歉及和好，然後再繼續玩。

如果小狗對你的尖叫沒有反應，也沒有鬆口退開，有效的技巧是罵牠「壞蛋！」，然後離開房間、關上門。給小狗一兩分鐘暫停時間，反省「把人咬痛」和「牠最愛的人類玩伴立即離開」之間的關連。你再回去和牠和好。重要的是表現出你依然愛牠，你只不過是不喜歡牠咬痛你。叫小狗過來、坐下，然後再恢復遊戲。

小狗咬得太用力時，較好的作法是你走掉，離開牠，而不是用肢體限制讓牠無法動彈，或把牠放入限制活動範圍裡。也因此，請養成在長時間限制活動範圍裡和狗狗玩的習慣。

這個方法對於遲鈍的小狗極為有效，因為這正是小狗玩耍時彼此學習嘴勁控制的方式，如果某隻狗咬得太用力，被咬的狗會哀叫一聲，停止玩耍以舔傷口，於是咬痛別隻狗的小狗就會學習到，咬太用力就會中斷好玩的遊戲，等牠再恢復遊戲時就會咬輕一些。

去除咬人的壓力

下一步是完全去除咬人的壓力，就算現在小狗咬人已經不會痛了。在小狗含咬你這個人類大玩偶時，等牠稍微用力一點，即使沒被咬痛也要表現出被咬得很痛的反應：「啊！你好壞！輕一點！你咬痛我了，壞蛋！」讓你的小狗去想：「我的天！人

狗狗咬你後獲得適當回應的次數愈多，牠的嘴勁控制就會愈好。

類實在太敏感了，含咬他們的細皮嫩肉時，我得極度當心才行。」你就是要牠這麼想，要讓牠覺得自己和人類玩時需要極度謹慎溫柔。因為那就是你的目的。

你的小狗應該在三個月大之前就學會不咬痛人，在牠滿四個半月大，也就是牠發展出強壯上下顎及成犬牙齒之前，就應該不會再用力含咬。

減少含咬次數

一旦你教會小狗溫柔用嘴，就是減少牠含咬次數的時候了。

你的小狗必須學會，含人沒有關係，但牠必須依照要求停止含人。為什麼?因為在你喝咖啡或接電話時，手腕上若掛著二十多公斤、扭來扭去的狗狗很不方便，這就是原因。

一開始先教牠「走開!」口令，這時用食物轉移注意並作為獎勵會比較好。概念是這樣：一旦說了「走開!」，如果狗狗不去碰我手中的零食，只要不碰一秒，我就會說「去拿!」，然後狗狗就可以吃到那塊零食。

一旦狗狗精通這項簡單任務，再把要求提高到不碰食物兩秒、三秒，然後五秒、八秒、十二秒、二十秒……依此類推。數出秒數，並且每一秒都稱讚牠：「乖狗狗一，乖狗狗二，乖狗狗三，乖狗狗四，乖狗狗五……」如果狗狗在你準備好要給牠之前就碰了零食，你就從頭開始數，牠很快就會學到，一旦你說「走開！」，牠就拿不到零食，除非牠能等個幾秒（如八秒）不去碰它。因此，獲得零食最快的方法就是等八秒時間不去碰它。此外，進行這項練習經常會以手餵食物，這將鼓勵狗狗溫柔用嘴。

一旦你的小狗了解「走開！」這個要求，就可以利用食物作為誘餌兼獎勵，教小狗在含人時鬆口。例如，告訴牠「走開！」並晃動食物誘餌，吸引牠鬆口及坐下，然後在牠照做時稱讚牠，給予食物作為獎勵。

這個訓練的重點是：練習讓小狗停止含咬。每次小狗聽從口令停止含咬後，若沒有馬上再度含咬，你就重新開始遊戲，如此地停止遊戲後再重新開始，重複多次。此外，由於小狗**想要**含咬，停止含咬最好的獎勵就是讓牠再次含咬。在你想要牠完全停止含咬時，告訴牠「走開！」，然後給牠一個塞有飼料的 Kong 玩具。

告知口令後，如果你的小狗拒絕鬆口，告訴牠「壞蛋！」，迅速把手抽回並離開房間，嘴巴唸著：「好，受夠了！你搞砸了！不玩了！結束！沒得玩了！」再把牠關在門外。給小狗兩分鐘反省牠失去了什麼，然後回到房裡，叫牠過來坐下，和好後再繼續含咬遊戲。

常常用手餵狗狗，維持訓練成果

到了小狗滿五個月大，牠的嘴巴必須溫柔得像是隻十四歲的拉不拉多工作犬：除非有你的指令，你的狗狗不該含咬，也不該在含咬時施用任何力道，而且會在任何一位家人要求時，停止含咬並冷靜下來。

你可以決定是否讓你家成犬依指令含咬人，對多數飼主而言，我建議在狗狗滿六到八個月大之前就教導牠完全不含咬人。然而，繼續進行嘴勁控制訓練是必要的，否則你家狗狗的嘴勁將開始改變，長愈大咬得愈用力。經常手餵狗狗並每日幫牠潔牙很重要，因為這些練習需要人的手放在牠嘴裡。

打架遊戲！維持狗狗輕柔用嘴的最佳良方

如果飼主能夠良好控制自家狗狗，維持狗狗輕柔用嘴的最佳方法會是經常和牠打鬧著玩。然而，為了避免狗狗行為失控，你也能完全了解打架遊戲的許多好處，你必須遵守一些規則，並教狗狗遵守這些規則。我的《預防攻擊行為》（*Preventing Aggression*）詳述了這些打架遊戲的規則。

打架遊戲教導小狗只含咬對於壓力極度敏感的人手，但是永遠不能咬衣物。鞋帶、領帶、褲管和頭髮沒有神經也沒有感覺，你也就無法在小狗咬得太用力且太接近皮膚時，提供牠所需要的回饋。打架遊戲同時還教導

小狗玩耍時有九成以上時間涉及互咬，因為建立嘴勁控制極其重要，或許我們應該向狗狗學習。

狗狗，無論牠有多激動，牠還是必須遵守用到嘴巴時的相關規則。

基本上，打架遊戲提供了你在小狗興奮時練習控制牠的機會，在小狗實際遭遇現實狀況前，讓牠在設計情境下建立這種控制是很重要的。

遵守規矩，別讓打架遊戲失控

有些飼主會讓打架遊戲很快失控，尤其是成年男性、青春期少年和小男孩，因此許多訓犬文章會建議，不要玩太多打架遊戲或拔河遊戲。

事實上，玩這類遊戲的主要目的在於改善你的控制力，如果你遵守遊戲規則，你很快就能完美掌控小狗的含咬行為、吠叫行為、活力表現和活動力，但如果你不守規則，你也很快就會養出一隻危險失控的成犬。

我對自己的狗有一個簡單的規定：只有在人們有能力讓狗狗過來、坐下、趴下、講話和安靜後，我才允許他們和狗互動或遊戲，這個規定無人例外，尤其是家人、朋友和訪客，也就是最有可能破壞你家狗狗行為的人。

至於比較激動的遊戲，像是拔河、打架遊戲和特別版狗狗足球，我還有另一項規定：除非人們能夠隨時讓狗狗停止遊戲並坐下或趴下，否則不能和狗狗玩這類遊戲。

經常在小狗遊戲時間裡練習「走開！」、「坐下！」和「休息！」，你很快就會有一隻容易控制的成犬，牠已經學會無論多麼興奮激動都能夠聽從你的指示。千萬不要和小狗持續不間斷地一直玩，至少每十五秒就要暫時停止一下遊戲，看看你是否還能控制狀況，可以輕易迅速地讓小狗鬆口、冷靜下來及休息，你愈常這樣練習，就愈能擁有更多的控制力。

我的狗天生懂得溫柔用嘴，不用教?!

許多槍獵犬犬種，尤其是好的小獵犬在幼犬期具有溫柔嘴勁，因此很少會因為咬痛人而獲得回饋反應。

然而，如果小狗不經常含咬，也不常咬痛人，其實很嚴重。因為小狗必須學習咬勁的極限在哪裡，而牠只能在發展過程中，透過咬得太用力後獲得的適當回饋反應，才能學會極限所在。解決方法是參加幼犬班與放繩，讓牠多和其他小狗玩耍。

從不開口咬的小狗，更要教！

害羞的狗狗很少與其他狗狗或陌生人進行社交或遊戲，於是牠們不會咬著玩，也沒法學習如何減少咬勁。

典型個案的描述是，這類狗狗在小狗時不太含咬，成犬後也從未咬過人，直到某次牠在啃骨頭時，有個小朋友不小心絆倒並跌在牠身上，牠不但開咬，而且第一次咬人就留下深深的穿刺傷，因為牠從未發展出嘴勁控制。

對於害羞的小狗來說，社會化極其重要，何時社會化更是一大要點。

同樣地，有些亞洲犬種對飼主高度忠誠，於是容易對其他狗或陌生人表現冷淡；有些狗狗只對家庭成員含咬，有些狗狗則完全不含咬，因此牠們從來沒學過控制咬勁。

大錯特錯

一個常見錯誤是為了讓小狗停止咬人而處罰牠，這麼做頂多讓小狗不去咬能夠有效處罰牠的家庭成員，但牠會轉而去咬無法控制牠的人，例如小孩。

更糟的是，由於小狗不會咬父母，父母通常不知道孩子遭遇了什麼，最糟糕的部分在於，小狗可能不再會咬人，牠也因此得不到該有的抑制咬勁訓練。

一切看起來都沒有問題，直到有人不小心踩到狗狗的腳趾，或關車門時不小心夾到牠的尾巴，此時狗狗一咬就會穿透皮膚，因為牠沒有足夠的嘴勁控制。

不開口咬的小狗必須立即進行社會化，牠們必須在四個半月大以前，就開始打架遊戲及啃咬遊戲，馬上報名幼犬班是社會化及開始遊戲的最好作法。

二 去幼犬班上課

狗狗多大時參加最合適？

大型工作犬的犬種發展緩慢，只要牠們沒發生問題，可以到四個月大再開始上幼犬班，但必須在四個半月大之前開始上課。

小一點的品種發展較快，尤其是牧牛犬，等牠們滿四個月大就已經太晚了。牧牛犬種、牧羊犬種、玩具犬種和㹴犬一旦能安全外出，就得立即加入幼犬班，必須要在三個半月大之前。

當然，無論小狗的體型和發展速度，為了從正式教育獲得最佳學習，請在小狗三個月大時參加幼犬班，等牠四個半月大再參加第二次幼犬班。

參加幼犬班，讓狗狗發展狗界社交技巧

一旦小狗滿三個月大，牠迫切需要趕上社會化的進度，並且建立起面對其他狗狗的自信，最晚在牠滿四個半月大時，就應該開始上幼犬班。四個半月大在狗狗的發展階段是個重要的轉捩點，此時牠從小狗轉變成青春期狗狗，轉變有時幾乎就在一夜之間，你當然會希望在牠突然進入青春期之前就參加課程。我只能強調，在你家狗狗從幼犬期進入青春期的困難階段裡，由專業寵物犬訓練師指導以及監督你極為重要。

幼犬班讓狗狗在毫無威脅且受控制的情境裡和其他小狗玩耍，發展狗狗社交技巧，害羞

而恐懼的狗狗將突飛猛進地獲得自信，粗暴霸道的小狗也會學到收斂及溫柔。

小狗遊戲時間極為重要，對於建立小狗的自信及社交技巧更是不可或缺，等日後長成社會化良好的成犬時，牠們會寧願和狗玩耍而不是打架或逃走。如果小狗時缺乏足夠的社會化，成犬後通常缺乏自信，無法開心去玩。此外，只要狗狗變成害怕或有攻擊性的成犬，牠的行為就很難調整。

幸好，這些成犬潛在的重大問題，都可以在幼犬期輕易預防，只要讓小狗與彼此玩耍即可。請提供你家狗狗這種機會，在幼犬期剝奪牠玩耍的機會，讓牠註定一生處於社交憂慮和焦慮中，對牠是不公平的。

另一方面，並不是社會化良好的狗狗就永遠不會被嚇到或吵架，牠可能會暫時嚇一跳，但牠會很快恢復，缺乏社會化的狗狗則不然。而且，社會化良好的狗見過各種體型和類型的狗，已經有能力應對那些偶爾遇到的缺乏社會化或不友善的狗。

「對狗的社會化」vs.「對人的社會化」

我們都知道，幼犬教育最重要的是嘴勁控制，第二重要則是訓練小狗對人友善，尤其訓練牠喜歡人類家人的陪伴，這比牠對其他狗狗的社會化更加重要。

在狗狗特質中，「對人友善」比「對狗友善」更重要。雖然只要採取一些常識性預防措施，你就可以和一隻與其他狗不合的狗一起生活得相當愉快，但和一隻不喜歡人的狗狗共同生活卻極為困難，甚至有危險，尤其是牠不喜歡家人的話！

話又說回來，一隻「對狗友善」的狗在散步期間或是到狗公園時，如果有充分的機會遇見其他狗，並和牠們一起玩，真的是很棒的事。不幸的是，住在郊區的狗狗很少被人定時帶去散步，或有機會與其他狗互動，對許多飼主而言，「對狗友善」完全不是首要的優先要務。

反之，認為「對狗友善」很重要的飼主應該會定時蹓狗或帶牠到狗公園去，事實上，這是他們養狗的主要理由，因此他們的小狗很可能在成長過程中較常與其他狗社交。但即使是這些狗狗，「對人友善」仍然比「對狗友善」來得重要，因為每天散步或去公園時，很可能遇見許多陌生人，經常還是小孩。

幼犬班，你學、牠也學

大多數的幼犬班都由全家參與上課，所以你的狗狗將有機會和各式各樣的人進行社會化：男人、女人，以及尤其重要的小孩。

幼犬班還有訓練遊戲，你會驚訝於你的狗狗在第一堂課裡能學到那麼多東西，牠將學會依令過來、坐下、趴下、站著不動、翻身讓人檢查、傾聽飼主說什麼，以及忽略干擾。此外，幼犬班很好玩！你永遠不會忘掉小狗的第一堂課，幼犬班對你和狗狗都是一場探險之旅。

請記住，參加幼犬班的目的是：**讓你學習！**而且你要學的還有很多，你將學到許多解決行為問題的有用祕訣，也將學到如何控制狗狗青春期無可避免且難以控制的行為。最重要的是，學習如何控制小狗的含咬行為。

幼犬班，小狗學習微調嘴勁控制的最佳機會

參加幼犬班的首要理由就是：提供小狗學習微調嘴勁控制的最佳機會，無論牠是否依然太常咬你、咬得太用力，或是牠咬得太少，不足以發展出可靠的嘴勁控制。小狗遊戲時間將是你的解決之道，其他小狗就是最好的老師，牠們會對彼此說：「咬得太用力，我就不和你玩了！」由於小狗永遠想玩打架遊戲和啃咬遊戲，最後牠們將教會彼此嘴勁控制。

班上同齡的小狗會產生高度精力及活動力，就像一群同年齡的小孩一樣，每隻小狗都會刺激其他小狗追牠、與牠打著玩，因此小狗玩耍時開咬的頻率極高。此外，每隻小狗也很容易激勵其他小狗，玩耍時運用肢體及開咬的力道不斷增加，直到某隻小狗一如預期被咬得太用力，並獲得適當的回饋。小狗的皮膚極為敏感，一旦牠被咬得過重，很可能會提供即時有力的回饋。

事實上，小狗在一小時幼犬班裡獲得的咬勁回饋，可能比整個星期飼主在家給的回饋來得有效。此外，小狗對其他狗狗的嘴勁控制，多半也可以概括運用到對人的嘴勁控制，使小狗在家中更易訓練及控制。

如前所述，即使是社會化良好的狗狗也可能偶爾爭執口角，畢竟誰不吵架？就像我們已經學會用不必頭破血流的社交方式，解決人與人或人與狗的紛爭，社會化良好的狗狗也能這麼做。

雖然要狗狗永遠不爭執、不打架

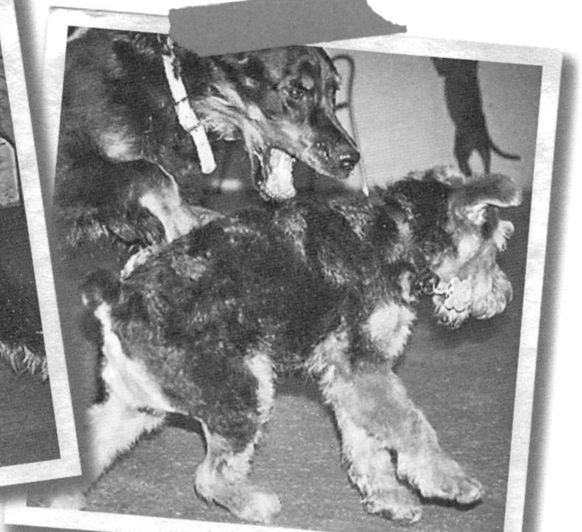

其他小狗是教導嘴勁控制最好的老師，小狗到了四個月大，玩耍時幾乎都在追來追去和咬來咬去。請記得經常查看你的狗狗是否已經失控，每隔約一分鐘就中斷遊戲一次，抓住牠的項圈，讓牠冷靜下來，也許叫牠坐下之後，再讓牠恢復遊戲。記得，你希望你的狗狗長大後友善、好控制，不希望牠變成一隻失控過動、不懂社交的怪狗。

不符合實際期待，期待狗狗以不重傷人犬的方式解決爭端卻很實際，這完全仰賴小狗含咬玩耍時發展出多少嘴勁控制的能力。請馬上幫狗狗報名幼犬班，讓牠發展出超級溫柔的嘴勁，使牠的吠叫都變成毛茸茸的友善表現。

「獸醫說我家小狗要上課年紀太小了」

獸醫關切病患的生理健康不難理解，尤其像犬小病毒腸炎和犬瘟熱這類常見的重大傳染病，對年幼的小狗來說的確令人擔憂，需要連續接種疫苗才能產生完整的免疫力。小狗三個月大時，只有百分之七十至七十五的免疫力，擔心牠們暴露於染病風險有其道理。

不過，幼犬班的教室是相當安全的地方，因為幼犬班只會有接種過疫苗的小狗，而且地板也經常清潔消毒。此外，小狗的生理健康只是整體健康的一部分，心理和行為健康也同樣重要。

小狗染病的風險取決於牠的免疫力和環境的傳染力，小狗的免疫力會隨著循序接種疫苗而提高，到了五個月大可以達到百分之九十九的免疫力。不同環境的傳染力可能從相對安全到極度危險。當然，沒有動物能夠對疾病百分之百免疫，也沒有環境百分之百安全。

如果生理健康是唯 考量，我會建議小狗在至少五、六個月大之前，不要進入可能染病的區域。另一方面，小狗的行為、性情、嘴勁控制、心理健康與生理健康同等重要，美國每間獸醫診所每年平均只有五隻小狗死於犬小病毒腸炎，卻有數百隻小狗因為行為和性情問題被安樂死。

確實，行為問題是狗狗生命第一年裡最常見的終極死因。成長中的幼犬需要疾病的預防接種，也需要社交及教育的「預防接種」，預防牠發展出行為及性情問題。為了狗狗的全面健康，年幼的小狗除了必須接受疾病的預防接種，也必須盡早帶牠出門散步、去狗狗公園、參加幼犬班。

利用 Kong 玩具以誘導獎勵法訓練小狗坐下。

隨著年紀增長的免疫力

小狗愈大，免疫力將愈好，盡可能讓年幼的小狗處於安全的環境如家中，並隨著牠逐漸長大，讓牠稍微冒險外出到稍有風險的地方，例如幼犬班。一旦你的狗狗進入青春期、具有最佳免疫力，牠就可以更安全地前往較危險的地方探險，例如人行道或狗公園。

不幸的事實是，你的小狗永遠處於風險中，舉例來說，帶有犬小病毒腸炎病原的風乾糞便可能在風中飛散，落在你的花園或家裡；某位家人可能踩過帶原的排泄物再走進家中。

請經常保持清潔並把戶外鞋留在門外。對年幼的小狗而言，最安全的地方是家裡或有圍籬的後院，讓牠留在這兩個地方直到牠滿三個月大。其他安全的地方包括你的車子、親友的家、有圍籬的庭院。要讓小狗安全地探索外頭的世界的確有其可能，只要記得抱著牠來回房子和車子之間就好。

我說過，室內幼犬班提供相當安全的環境，但我依然建議抱著小狗來回車子和教室之間。幸好，時有免疫力問題的犬種如羅威那犬和杜賓犬，屬於成長發展較慢的犬種，牠們可

抱著小狗不落地

對於免疫力尚未發展完全的小狗而言，比起人行道和狗公園，獸醫院的候診間和停車場是兩個更加危險的地方。雖然每次看診後診療台都會清洗消毒，但是候診間的地板通常一天只殺菌一次，而停車場的地面則幾乎不會進行殺菌，狗狗會在停車場排泄，有時也在候診間這麼做。尿液可能被鉤端螺旋體病（leptospirosis）或犬瘟病毒污染，糞便則可能被犬小病毒腸炎病毒、冠狀病毒（coronavirus）或很多體內寄生蟲污染。候診時永遠讓小狗待在你的大腿上，或者把牠留在車上，輪到你們時再直接把牠抱上診療台。

以等到四個月大再上課。我其實偏好讓成長發展較慢的大型犬種到四個月大再開始上課，這樣就可以在課程中一併處理青春期問題。如果大型犬種在三個月大就開始上課，牠四個半月大時就會結業，飼主往往還有自己在和泰迪熊一起生活的錯覺。

我同樣會建議你，等到狗狗至少四個月大再帶牠到狗公園或其他狗狗經常出入的公共場所散步，這些地方可能已經被多種不同的病毒及病原污染。在前往戶外練習之前，你隨時可以在家中和院子裡練習放繩散步，你也應該經常邀請客人到你家作客。

「但是，我家小狗與家裡另一隻狗狗處得很好」

你家小狗或許與家裡另一隻狗狗處得很好，但是當牠單獨被帶出門，無論是在街上散步、去狗公園或是參加訓練課程，你會大吃一驚並發現你的狗完全缺乏社會化，牠很可能會跑去躲起來，發出防禦性的低吼、前撲或空咬。

你家小狗在家裡可能表現得極為社會化和友善，但在家時牠只和一隻狗社交和友好，而且牠很可能過度依賴另一隻狗。當牠第一次單獨出門，失去你家另一隻狗這個最好的朋友兼保鑣給牠的安全感和陪伴時，牠可能就會崩潰。

社會化需要遇見很多不同的狗，要讓一隻社會化良好的小狗維持良好的社會化，牠需要每天遇見陌生的狗。請經常帶小狗去散步，定時帶牠到狗公園去，並且一定要參加幼犬班。

尋找合適的幼犬班

希望你在養小狗之前就對不同的課程做過功課，這樣你才會對自己想找的課程有完整的概念，以下是一些祕訣：

你的小狗和家中其他狗狗相處融洽是美事，但為了學習與陌生狗相處，你的小狗需要在幼犬班、在散步時、在狗公園裡，遇見陌生的狗狗。

如果幼犬班倡導使用任何金屬項圈或體罰方式，驚嚇、傷害或導致小狗疼痛，請避免這類課程。把狗拉來推去、猛扯項圈、抓著狗脖子猛晃、老大翻身法以及人才是老大這些技巧，現在已經公認缺乏效率，除了造成人犬對立和不快之外，沒什麼好處。感謝老天，這類過時方法多半已經是過去的事了。

記得，牠是你的狗，牠的教育、安全和健全心理操在你手中。好的幼犬班很多，努力搜尋直到你找到好的幼犬班。尋找會提供小狗很多放繩玩耍機會，以及經常在遊戲時間進行訓練及休息，並使用玩具、零食、好玩事物及遊戲的幼犬班。

小狗的放繩遊戲時間也非常重要，同樣重要的是，遊戲時間必須穿插多次短暫訓練，讓飼主在小狗興奮分心時練習控制小狗。尋找小狗學習迅速且飼主對小狗進步感到滿意的課程。最重要的是，尋找訓練師、小狗和飼主都享受樂趣的課程！

一切將由你來做判斷，請明智判斷，選擇適合的幼犬班是你最重要的小狗照護決定。

第八課
預防青春期問題

最佳上課時間：狗狗滿五個月大以後

為了教養小狗，此時你可能已經精疲力竭了。不過，希望你很自豪狗狗進退有禮、行為乖巧、社會化極佳，擁有令人信賴的嘴勁控制。現在，你的挑戰是維持牠的絕佳特質。

小狗照護的首要目的是：訓練出友善、自信又溫順的小狗，使你能面對牠的青春期行為和訓練難題，並讓牠有能力應付狗狗在青春期時必須面對的劇烈社交變化，尤其是公狗。如果狗狗已經有良好的社會化和訓練，度過青春期就簡單多了。然而，如果你不知道狗狗青春期該預期什麼，以及要如何應對，要維持牠的社會化和訓練可能就不太容易了。

可能讓所有規矩都瓦解的青春期

行為永遠在變化，有時變好有時變糟，如果你繼續訓練你的青春期狗狗，情況將會改善，但是如果你不這麼做，情況絕對會變得更糟。

隨著你的狗狗逐漸成熟（小型犬約兩歲，大型犬約三歲），牠的行為和性情無論好壞都將穩定下來。在那之前，如果你不設法控制狀況，你家狗狗的性情和禮儀可能出現急轉直下的悲慘變化，即使在你的狗成熟之後，你也應該永遠對於牠的不當行為或特質保持警醒，在它們變成難改的惡習之前，迅速防患未然。

狗狗青春期是一切瓦解的時期——除非你堅持一致地努力協助狗狗度過這段期間，進入穩定的成犬期。你家狗狗的青春期是關鍵時期，此時若忽視牠的教育，你很快就會發現自己和一隻蠻橫無禮、社會化不足又過度活動的動物一起生活。

改變一：你不再是狗狗的一切

以下是一些需要留意的事情。

如果你開始把狗狗的大小便訓練和其他良好行為視為理所當然，牠的居家禮儀可能愈來愈糟。不過，如果你在小狗幾個月大時把牠教得很好，牠偏離居家禮儀的情形將發展得極慢，直到牠進入老年，此時的大小便習慣原本就特別容易變糟。

當小狗進入青春期，基本禮儀可能急劇惡化。過去利用誘導獎勵訓練小狗很容易，你教會牠熱切地過來、跟隨、坐下、趴下、站著不動、翻滾，並且以帶著堅定不移和尊敬的眼神注視著你，因為你是小狗的太陽、月亮和星星。

然而，現在你的狗正發展出成犬的興趣，例如：探索其他狗狗的屁股，嗅聞草地上的尿，在看不出是什麼的臭東西上打滾，以及追松鼠。牠的興趣可能很快變成訓練時的干擾，在你召喚牠時，牠會繼續嗅聞另一隻狗的屁股，而不是跑回你身邊。這實在令人震驚，你的狗竟然寧願要別隻狗的屁股，而不是你！突然間，牠變得不會過來、不會坐下、不會趴下、不會休息也不會等待，卻變得會撲人、牽繩時暴衝而且過動。

隨著狗狗長大發展出更加有力的上下顎，嘴勁控制容易變糟。請提供你的狗大量機會與其他狗摔角，經常用手餵予飼料和零食，定期檢查並清潔牠的牙齒，這些全是確保你家青春期狗狗保持溫柔嘴勁的最佳練習。

改變二：一切都熟悉了，不再有陌生人

社會化在青春期常走下坡，有時甚至速度驚人。

隨著狗狗年紀愈大，牠們遇見陌生人犬的機會就愈來愈少，幼犬班和小狗派對成為過去，大多數飼主在狗狗五六個月大時已經建立起固定的例行程序。狗狗在家中與同一批熟識親友互動，出外散步時走同一條路線去

若要維持社會化良好的小狗持續社會化，最好的方法是經常帶牠去散步，以及到附近的狗公園去。

同一個狗公園，在那裡遇見同一批認識的人和狗。於是，許多青春期狗狗對陌生人犬的社會化愈來愈差，到後來，狗狗變得除了一個小小的朋友圈之外，完全無法接受其他人、犬。

如果你家青春期的狗狗不常出門，而且很少有陌生人到家裡來，牠的社會化退步速度可能快得驚人。五個月大的牠可能還是社交花蝴蝶，迎接人時總是搖擺全身和尾巴，但到了八個月大，牠已經變得防備心重且缺乏自信：牠會一邊吠叫一邊後退，或是空咬和前撲，並豎起背毛。在沒有太多事前警訊的情況下，原本對人友善的青春期狗狗，可能會突然被家裡某位訪客嚇到。

小狗社會化是青春期狗狗社會化的序曲，持續進行青春期狗狗的社會化安全而有趣。你家青春期狗狗無論如何都得繼續定期見到陌生人，否則牠將逐漸失去社會化。同樣的道理，成功的青春期社會化能讓你繼續幫成犬安全而有趣地進行社會化。**社會化是個不能間斷的持續過程**。

往往演變成惡性循環的「第一次打架」

同樣地，狗對狗的社會化在青春期也會變差，而且退化速度一樣快得驚人，尤其是極小型犬和極大型犬。

首先，教導狗狗和其他所有狗和平共處很困難，野生的犬群像是狼、土狼和胡狼等，很少歡迎陌生的同類加入，可是我們卻期待狗狗這麼做。

第二，要狗狗和每隻狗都當最好的朋友是個不切實際的期望，就像人一樣，狗狗也有特別的朋友、泛泛之交，以及不太喜歡的狗。

第三，拌嘴吵架對狗而言相當自然，尤其是公狗。事實上，從未捲入某種肢體衝突的公狗很罕見，年幼的小狗在課堂及公園都可以玩得很好，但如果是青春期的狗狗，拌嘴、吵架甚至打著玩，看起來都極為逼真。

青春期狗狗的第一次打架常常意謂牠對狗社會化的終結，尤其是極小型犬和極大型犬。因為可想而知，小型犬飼主會擔心狗狗安全，可能自此不再讓自家狗狗與大狗互動，因而成為社會化走下坡的起點，小型犬從此變得愈來愈愛空咬和吵架。

同樣的道理，大型犬（尤其是工作犬種）的飼主也會擔心自己的狗傷害小型犬，使得牠的社會化也從此走下坡，變得愈來愈愛空咬和吵架。我們陷入了惡性循環：狗狗愈少進行社會化，牠愈可能會打架，於是愈不可能進行社會化。

「牠總是愛打架！」

狗狗打架的暴怒及咆哮對旁觀

頭幾次到狗公園去可能讓你的狗狗感覺有點可怕，如果牠躲起來或尋求你的安撫，請不必擔心。除非你對牠的安全有任何顧慮，再馬上把牠抱起來，否則，請盡可能避免不小心增強牠過度需求的行為（如：在牠躲起來時安慰或撫摸牠）。相反地，設法讓其他人、犬，誘使你的狗狗走出躲藏處，等牠走出來你再熱情地稱讚牠。

者來說相當嚇人，尤其是對飼主來說。

事實上，狗打架是最讓飼主苦惱的一件事，因此評估打架嚴重程度時，請務必設法保持客觀，否則一次狗狗打架事件，很可能就是牠社會化的終點。

就大多數的情況來說，狗狗打架非常制式化，通常在控制之中且相當安全。如果飼主提供了適當的回饋，解決這個問題的效果是很好的；反之，非理性或情緒性的回饋除了使飼主的情緒不佳之外，還可能使狗狗的問題變本加厲。

狗狗擺出姿態、瞪視、齜牙咧嘴、空咬或者打架是極常見的，尤其是青春期公狗，這些並不是「不好」的狗狗行為，而是相當反映狗狗平常怎麼做的行為，因為狗狗並不會寫投訴信或打電話給律師。

另一方面，幾乎無一例外，低吼和打架總是反映出狗狗心裡隱藏著缺乏自信的問題，這是青春期公狗的特徵。只要給予時間並持續進行社會化，青春期的狗狗通常會發展出自信，不再覺得牠需要不斷地證明自己。

為了幫助挑起戰端的狗狗繼續社會化，飼主必須說服自己，自家「愛打架的狗」並不危險。狗狗可能惹人厭又是個大麻煩，但這不代牠會傷害其他狗。低吼和打架雖然是發展中的正常行為，但傷害其他狗狗並不是。

首先，你得確定問題的嚴重程度；其次，你得確定自家狗狗打架時，你做出了適當的反應，並在牠沒打架時給予適當回饋。

「牠企圖殺死其他狗！」

要了解自家狗狗是否有問題，請建立你家狗狗的「打咬比」。你需要回答兩個問題：你家狗打過幾次架？在這些打架次數中，對方的狗狗得去就醫幾次？

一到兩歲公狗常見的打咬比是十比零。也就是說，十次全身接觸的打架事件裡，對方狗狗上醫院的次數為零次。如果狗狗符合這個數字，問題就不大，因為打了十次架並沒有造成任何傷害，狗狗顯然沒有「企圖殺死」另一隻狗，如果牠有意傷害，牠早就這麼做了。此外，狗狗每次打架都遵守狗狗打架規則，只咬對方的後頸、脖子、頭部和口鼻。當然，如果狗狗在混戰中咬住另一隻狗的咽喉柔軟部位，卻未造成任何傷害，等於就是牠有效嘴勁控制的最佳證明。

這並不是一隻危險的狗，牠只是以青春期公狗的獨特方式惹人厭罷了，牠是有點令人厭煩，但牠打從幼犬期養成的嘴勁控制卻極為出色，而且從未傷害過另一隻狗。十比零的打咬比是可靠嘴勁控制的強力實證，這隻狗極不可能傷害另一隻狗。

打架告訴你的事

打架是壞消息，但它通常會帶來好消息！只要你的狗從未傷害過另一隻狗，每次打架都是你家狗狗具有可靠嘴勁控制的額外證據。

你的狗可能缺乏自信和社交技巧，但至少牠的嘴巴不具危險性，牠不是危險惡犬。也因此，解決牠的問題將相當簡單。當然，你還是有隻迫切需要重新訓練又惹人厭的狗狗要面對，因為牠不但惹惱你，還惹惱了其他狗狗和飼主。

相反地，如果你的狗曾在某次打架讓對方的四肢和腹部都留下重傷，你的問題就大了。

這是隻危險的狗，因為牠缺乏嘴勁控制。顯然，這隻狗在出入公共場所時，應該要戴上嘴套。然而，治療矯正的效果並不樂觀，過程也複雜耗時，還可能會有危險，需要專家的協助，當然也無法保證有好結果。事實上在所有狗狗問題中，沒有其他問題像這個問題一樣，在預防和治療之間存在如此大的差異。

狗狗打招呼時，通常包括徹底調查彼此的私處，閱讀狗狗的氣味「名片」更是遊戲的前奏曲。
你的小狗與別隻狗打招呼時，記得稱讚牠，不要把牠友善迎接對方的行為視為理所當然。畢竟你家狗狗和其他狗的第一次吵架很可能就在數個月或數星期之後。如果你不希望你的狗吵架，你就得讓牠知道，當牠友善地和其他狗狗打招呼及玩耍時，你有多麼高興。

缺乏嘴勁控制又愛打架的成犬是極難矯正的狗，但幼犬期的預防措施卻極為容易、不費力又好玩，只要幫小狗報名幼犬班，經常帶牠去狗公園。

千萬不要等到你家青春期的狗狗打了架，你才讓牠知道你不喜歡這樣的行為。相反地，養成每當小狗友善迎接其他狗時就稱讚獎勵牠的習慣。我知道這麼做聽起來有點可笑，在你家毫無殺傷力、搖搖晃晃的四個月幼小公狗每次沒有打架時，就稱讚牠並給牠零食，但這是預防打架成為嚴重問題的最佳方法。

成功度過青春期的祕訣

◎祕訣一、每當你的狗狗在正確地點上廁所，刻意稱讚牠並給牠兩塊零食

在狗狗如廁地點附近放一罐零食，反正你也需要在場檢視並清理（請在狗狗的大便變成幾百隻蒼蠅寶寶的家和晚餐之前清理乾淨）。記住：你得讓你的狗狗想去牠的如廁地點上廁所，而且讓牠有強烈動機這麼做，即使在牠老年失禁後。

◎祕訣二、每天給牠一個塞了食物的 Kong 玩具，持續讓牠遠離看行為醫生的必要

你的狗狗在家獨處時，依然需要某種形式的職能治療方法來消磨時間，沒有什麼比幾個塞了狗狗每日飼料的 Kong 玩具更能預防亂啃東西、過度吠叫和過動等居家問題。Kong 玩具同時也可以紓解無聊、緊迫和焦慮。

◎祕訣三、在散步、遊戲中穿插短暫的訓練

為了讓你家青春期狗狗持續確實且自願地服從，你必須在散步、遊戲，以及牠喜歡的其他日常活動中，穿插短暫的訓練，尤其是緊急坐下和長時間趴著休息。如果你知道方法，維持狗狗青春期的禮儀就不難，但如果你不知道，維持狗狗青春期的禮儀將極度困難。請參考二五八頁的「帶狗狗去散步吧！」。

◎祕訣四、每天至少散步一次，每週去狗公園幾次

如果你的小狗在社會化時出現問題，而有空咬、前撲或輕咬等行為，你會慶幸自己明智地讓牠去上課，學到了可靠的嘴勁控制。你家狗狗的防禦行為雖然沒有造成任何傷害，但那些行為警告你最好在這類事件再次發生之前，趕快重新修復你家狗狗的社會化，並且維持牠的嘴勁控制訓練，因為這類事件肯定會再次發生。嘴勁控制練習永遠要持續下去，偶爾用手餵你的狗，並且經常檢查牠的口鼻和牙齒，或許還可以幫牠清潔牙齒。

讓狗狗社會化良好的祕訣在於：每天至少散步一次，每週去狗公園幾次。設法發現不同的散步路線和不同的狗公園，你的狗才能遇到各式各樣不同的人和狗。社會化意謂：訓練你的狗在遇見陌生人、犬時，能與他們和平相處。要達成此目的的唯一方法是，讓你的狗持續每天遇見陌生的人和狗，每當牠遇見陌生的人或狗，就給牠一顆飼料吃。

別忘了維持你自己熱絡的社交生活，每週至少邀請朋友到家中一次，讓他們繼續參與你家狗狗的訓練，並請他們帶新朋友來和你家狗狗見面。

舉辦狗狗派對，邀請你家狗狗在幼犬班和狗公園認識的好朋友到家裡來，為了平衡廣大狗狗世界裡較嚇人的一面，例如：成犬、大型犬和偶爾遇到的不友善狗，請確保你家青春期的狗狗經常有機會和牠主要的狗朋友進行社會化及遊戲。

一 帶狗狗去散步吧！

一旦你家小狗可以安全外出，請經常帶牠去散步，這是進行全面社會化與全面訓練的最佳作法，附加好處是對你的健康、心臟和靈魂有益。

帶狗去散步吧！在狗狗的項圈上打個粉紅色蝴蝶結，看看有多少人會對你微笑，以及你

帶你的狗散步是社會化和訓練的最佳方式，對你而言也是最好的運動。

會交到多少新朋友？狗狗的社會化有益於你的社交生活。

最佳散步政策：不大便＝不散步

如果你沒有自己的院子或花園，請確認你的狗狗在開始散步前先大小便。如此一來，散步可獎勵牠在對的時間和地點出現對的行為。如果你在狗狗一上完廁所就結束愉快的散步時光，結果會變成你處罰了牠上廁所的行為，你的狗很可能會開始延遲上廁所，好拉長散步時間。

確認你的狗狗在院子或大門外大便後才開始散步。對於迅速大便的狗狗，散步是最好的獎勵。

幫狗狗繫上牽繩，走出門，然後站著不動讓牠繞圈子嗅嗅聞聞，給牠四到五分鐘，如果牠沒有上廁所，回到屋裡，晚點再試一次。這段時間把狗狗放在牠的短時間限制活動範圍裡，如果下次出門後，牠上廁所了，大肆稱讚牠，以零食獎勵牠，告訴牠：「散步去囉！」然後出發，你將發現「不大便＝不散步」的簡單政策，很快就會造就出迅速大便的狗狗。

教導狗狗散步前大便有個附加好處，收拾殘局後丟在自家垃圾桶裡，會比散步途中清理大便來得方便，兩手空空與排泄乾淨的狗狗散步，通常也比拎著一包狗屎帶狗散步來得愜意輕鬆。

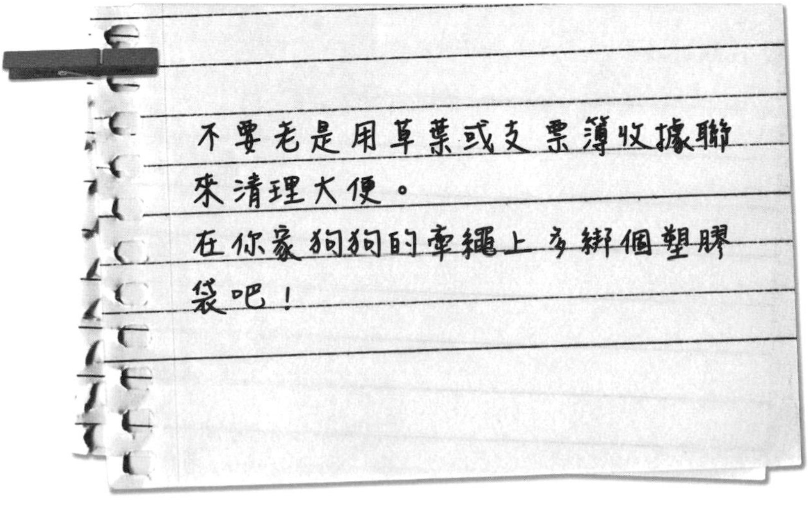

不要老是用草葉或支票簿收據聯來清理大便。
在你家狗狗的牽繩上多綁個塑膠袋吧！

讓狗狗有機會觀察周遭

每次散步都撥出一些暫停時間，不要催促你家年幼的小狗匆忙通過路上環境，給牠大量機會輕鬆觀察周遭世界。每次停止散步時，塞有食物的 Kong 玩具將幫助牠很快地冷靜休息。

永遠不要把你家狗狗的平穩性情視為理所當然，廣闊的戶外世界對牠來說可能很可怕，而且偶爾還會發生嚇到狗狗的意外。

最好的策略是防患未然。散步時用手餵狗狗吃晚餐，有助於建立牠對人、對其他狗，以及對交通的正向連結。每當有車子、大卡車或很吵的機

散步時多次停下來休息看報紙，讓狗狗練習休息以及觀察周遭世界。

車經過，給狗狗一顆飼料吃；每當有狗或人經過，給牠兩顆飼料；每當狗狗友善地迎接另一隻狗或人時，稱讚牠，給牠一塊零食；每當有小孩接近，稱讚狗狗並給三塊美味的零食；每當有小孩溜著滑板或騎著越野單車飛快經過，用手餵狗狗吃掉整袋食物。

如果有人想和你的狗狗打招呼，先示範如何利用飼料誘導獎勵狗狗過來和坐下，再請陌生人只有在狗狗坐下來向他打招呼後，才給牠那顆飼料。從一開始就教導你的狗遇見人們時，永遠要坐下來打招呼。

散步時進行訓練的幾個原則

一旦你的小狗滿五個月大，牠的幼犬期就結束了，你會發覺狗狗的拉力將近四、五公斤。狗狗拉扯牽繩暴衝有許多理由，走在前頭的狗狗永遠視野最好，拉緊的牽繩給了狗狗一條溝通飼主意圖的「電報線」，於是狗狗得以四處東張西望，不然就去湊湊熱鬧。上繩時暴衝對狗來說似乎有種實質上的樂趣，我們也會讓牠這麼做。狗狗邁出的每一步都大大增強了牽繩拉扯的時刻，牽繩每一秒都是緊的，代表著狗狗正勇往直前地探查永遠刺激、永遠在改變的氣味環境。

以下是教導你的狗狗上繩冷靜散步時，該做與不該做的注意事項：

- **務必**一開始就在家中及院子裡練習牽繩散步，一旦小狗足齡就帶牠到公共場所散步。
- **切勿**等到狗狗進入青春期才想辦法教牠在公共場所牽繩散步，除非你希望為路人提供娛樂。
- **務必**輪流變換狗狗與你並行的時間，以及讓牠在牽繩末端逛逛聞聞的時間。與你並行的時間較短，約十五到三十秒；讓牠逛逛聞聞的時間較長，約一分鐘。這會激勵狗狗走在你的旁邊，如果並行散步時經常被允許逛逛嗅聞，當然會增強狗狗與你並行的動機。
- **切勿**期待你的青春期狗狗或成犬永遠尾隨散步。牠將學會尾隨在後完全沒有逛逛聞聞的時間，牠會變得不想尾隨，也愈來愈討厭破壞牠美好時光的訓練和訓練師，也就是你。

• **務必**考慮訓練你的狗拖拉牽繩，與其讓拖拉牽繩變成問題，不如拿它來解決問題，用它作為鼓勵狗狗冷靜與你並行的有效獎勵。交替使用鬆繩散步和拖拉牽繩的作法有我家阿拉斯加雪橇犬的熱情背書，獲得牠舉起兩隻腳掌叫好！此外，依指令拖拉牽繩在爬上陡坡、拉雪橇、拉箱車，以及拉滑板時很好用。

• **切勿**允許你的狗決定何時拖拉牽繩。執行「紅燈停，綠燈行」訓練，一旦你的狗狗拉緊牽繩，馬上停步，站著不動等候。一旦牠把牽繩放鬆，或更好的是，牠坐下了，你就繼續散步。

散步前，先玩「紅燈停，綠燈行」遊戲

好好散個步是狗狗最大的獎勵，其次是在公園裡好好玩上一回。

許多狗狗預期到要去散步時會變得相當瘋狂，這時散步只會增強牠的瘋狂行為。而且你每走一步，狗狗就更奮力地拖拉牽繩，你的每一步也都加強了牠暴衝的行為。幸好，有更好

的辦法可以讓散步增強你家狗狗的良好禮儀。

散步前，請先練習出門時表現禮儀。告訴狗狗：「散步，散步，散步去！」並在牠鼻前晃動牽繩，大多數狗狗這時早已激動不已。站著不動，等候狗狗冷靜坐下。由於散步還沒有開始就被延遲，你的狗會懷疑你是否想要牠做某件事，但是此時牠不確定是什麼。牠可能會表現許多創意行為，把牠所有想得到的行為全搬出來，牠可能會狂吠、哀求、撲人、趴下、翻滾、用前腳抓你或繞著你轉，無視牠的所有行為，直到牠坐下。

等多久都沒有關係，你的狗終究會坐下。一旦牠坐下，告訴牠「乖狗狗！」，然後扣上牽繩。在你扣上牽繩時，你的狗可能會再度激動起來，所以再度站著不動，等候牠坐下。當牠坐下，告訴牠「乖狗狗！」並往門口走一步，站住不動，然後等牠再度坐下才朝門口前進，每走一步就等候狗狗坐下。開門前叫牠坐下，出門後馬上讓牠坐下，然後回到屋內，解下牽繩，坐下來，再重複上述步驟。

你會發現，隨著練習次數愈多，你家狗狗會愈來愈快坐下，你也會注意到，你們出門時牠變得愈來愈冷靜。等到第三或第四次出門時，你的狗將會冷靜行走並且迅速坐下。

不要提示你的狗坐下，不要給牠任何線索，讓牠自己找出答案，甚至在牠出現一連串你不想要牠做的行為時，牠也是在學習——學習你不想要牠做什麼。你等候牠坐下的時間愈久，牠愈能學到什麼是你不想要牠做的行為。當你的狗坐下，獲得稱讚及獎勵，牠就會學到你想要牠做什麼。

狗狗喜愛這個遊戲，短暫玩過這個遊戲之後，你的狗將學到什麼是會讓你動步的綠燈行為——坐下；什麼是會導致你站著不動的紅燈行為——除了坐下以外的行為。

散步時，玩「你停住，他坐下」遊戲

當你的狗出門時能彬彬有禮，就可以真的去散步了。

把狗狗的晚餐飼料放在袋子內，因為牠今天要在散步時吃晚餐。手裡抓一顆飼料，站著不動，等你的狗坐下。牠坐下時，告訴牠：「乖狗狗！」把飼料給牠，然後往前跨一大步，站著不動，再度等牠坐下。

你一往前跨步，你的狗很可能突然變得興奮激動，你就再次站著不動等待，你的狗終究會再度坐下，告訴牠：「乖狗狗！」餵飼料給牠，再往前跨一大步。

隨著你不斷重複這個程序，你會注意到，每當你站著不動，狗狗坐下的速度愈來愈快，只要重複幾次，你的狗很快就會開始在你停步時馬上坐下。現在跨兩大步再停住，然後試試跨三步再停住，接著跨五步、八步、十步、二十步，依此類推。此時你會發現，你的狗會跟在你的腳邊冷靜而專注地行走，而且你每次一停步，牠就會馬上自動坐下。

避免在不經意之下使狗狗激動

如果你只走了一步狗狗就突然激動不已，那想想看，如果你在牠暴衝時繼續行走，會給牠增添多少激動的能量。

剛開始訓練的時候，每次只走一步，然後等狗狗冷靜坐下，再走下一步。很顯然，你無法在趕著去某個地方時用這個方法訓練狗狗。請務必安排輕鬆散步時間，特別用來訓練你的狗冷靜地牽繩散步。

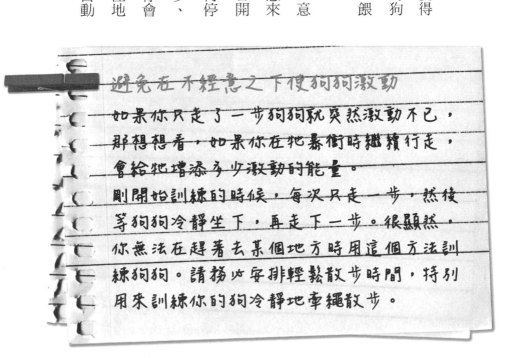

只要訓練一下，你就可以教會牠這些規矩，而你要說的話只有：「乖狗狗！」

散步途中的「坐下」和「休息」訓練

散步時穿插多次的短訓練，差不多每走二十多公尺就停下來訓練一會兒，例如，每次你停步就告訴牠「坐下！」；一旦狗狗坐下就說「走吧！」，再繼續散步。如此一來，每次你停下來，「重新開始散步」這個動作就將有效增強狗狗的坐下行為。

穿插的訓練時間多半維持在五秒之內，這樣才能增強迅速坐下和趴下的行為，或增強變換身體姿勢的連續動作，例如：坐下—趴下—坐下—站起來—趴下—站起來。

如果你想用飼料當獎勵，可以偶爾這麼做，不過幾乎沒有這種必要，因為重新開始散步對狗而言是更棒的獎勵。偶爾穿插較長的訓練時間，練習讓狗狗跟在腳邊與你並行十五到三十秒，或增強兩到三分鐘趴著休息的行為，給狗狗塞有食物的 Kong 玩具讓牠消磨時間，你也可以看個報紙。

塞有食物的 Kong 玩具可作為教導狗狗坐下或趴下的誘餌，在你看報紙時，則可以當作狗狗的娛樂來源。

上述訓練技巧在一次散步中就能塑造出你家狗狗的行為，並且修補牠的禮儀。平均每走一・六公里約有七十次訓練時間，散一次步幾乎解決了所有訓練問題。剛開始幾次你停下腳步時，要你家興奮的狗狗專注在你身上並平靜下來可能會有點難度，但第四次或第五次就容易多了。在約四到五公里的愉快散步途中，穿插約兩百次訓練，你的狗狗將會有十分優異的表現。

教狗狗真正理解「坐下」和「休息」口令

這個技巧格外成功的原因有二：

1. 不斷重複的訓練迫使你面對自己最大的恐懼，並且予以克服；不斷穿插重複的訓練具有檢錯的本質，讓你很快就能解決迫切的訓練問題。

舉例來說，你的問題並不是狗狗無法休息，牠可以這麼做，只不過牠要等很久才會休息，而且牠只偶爾這麼做，也只在牠決定要這麼做才會做。如果你想要牠能夠迅速、可靠地聽從指令休息，依照上述方法不斷練習，在散步期間穿插多次的短暫訓練，你的狗狗將隨著一次次練習，愈來愈快聽從指令，最後學會立即聽從指令。

2. 多數飼主只在一兩個地點訓練自家狗狗，像是廚房或課堂上，結果他們的狗在廚房很乖，在課堂上有禮貌，去散步或到公園時卻缺乏專注力。狗狗大概以為，「坐下！」只代表在廚房和課堂裡坐下，因為牠只在這兩個地方接受訓練。

然而，如果每一・六公里就訓練七十次，每次練習都在有著不同干擾的情境下，可能是安靜的街道或忙碌的人行道，落葉覆蓋的小徑或開闊的原野，在學校附近或公園遊戲場裡，你的狗狗將學會注意你的指示，並且開心迅速地聽從，無論地點在哪裡、牠在做什麼或當時發生什麼事。你的狗狗會把「坐下！」這個指令歸納為「隨時隨地都要坐下」。

如果你每次散步都訓練你的狗，你很快就會有一隻一聲令下就迅速坐下及休息的小狗，無論牠有多興奮或不專心。此外，你的狗將自願且快樂地休息，因為牠知道有人叫牠趴下並不是世界末日，散步也不會就此結束。舉例來說，你的狗將學會：「休息」只是在牠重新興奮散步之前，一段伴隨著溫柔稱讚、放鬆的暫停時光。

你會發現，現在帶你家這隻禮貌十足的狗在鄉間道路及人行道上走得可快多了，以前那隻過動的牠可不是這樣。現在你可以按照你想走的行程走，不會再被拖著到處去。

車內訓練也很重要

別忘了也在車內練習。

訓練方法如同散步時一樣，花幾天在車內看報紙，給你的狗狗一個塞了食物Kong玩具命令牠休息。每分鐘穿插一次短訓練，練習改變身體姿勢，如坐下、趴下、站起來等；或讓牠改變位置，如後座、前座、幫牠繫上安全帶、進籠子等。在你沒開車且

帶小狗開車出門之前，確認你已經在靜止的車子裡，教會你的小狗坐下、休息、說話、安靜。記住：教會牠「說話！」有助於教導牠「安靜！」

車子沒發動時，這麼做會容易得多。

一旦你的狗狗可以迅速聽從每個指令，請朋友開車，重複這些訓練，你很快就會發現你的狗狗在你開車時，開心地回應你的指令。

一旦你教會狗狗不論在車內或散步，隨時隨地都能休息，就是可以帶著牠出門的時候了。只要確定你帶了一袋飼料，你就可以帶著狗狗到處去，在鎮上辦雜事、到銀行和寵物店、到奶奶家、拜訪朋友、到家附近探索或可能只是開車兜風。也可以去公園野餐、散步，再多散步一點。

再提醒一次，手邊一定要有飼料，每當有人和狗接近時就餵狗狗吃。此外，提供陌生人一些飼料，讓他訓練你的狗和他打招呼，也就是要牠坐下來交換食物獎勵。

二 帶狗狗到狗公園去吧！

讓狗狗在公園裡不間斷地一直玩，是你喪失對青春期狗狗控制力的最快作法。如果你讓狗狗毫無中斷地一直玩，你很快就會喪失牠的專注力，也完全喪失了對牠的控制；相反地，如果你結合訓練和玩耍，很快就可以發展出放繩時可靠的遠距離控制力。

別這樣做，你會訓練出「無法召回」的狗狗

一到狗公園，許多人會放繩讓狗狗去玩，甚至連個「請」或「坐下」都不要求。狗狗預知可以玩耍，興奮得亂蹦亂叫，此時放繩無異於強化狗狗激動喧鬧的行為。而狗狗呢，牠們對新發現的自由很開心，跑來跑去、嗅嗅聞聞、互相追逐，瘋狂地玩耍，你則在一旁邊看邊聊天。最後到了該走時，你召回自己的狗，狗狗跑著回來，你扣上牽繩，遊戲時間結束。

這一連串事件很可能只會發生一兩次，因為可想而知，日後再去公園時，狗狗就不會在你召回時迅速跑回你身邊了。要不了幾次，狗狗就會建立起「你召回牠」和「突然結束公園開心時光」的關聯。以後再到公園時，狗狗會很緩慢才接近你，頭壓得低低的，因為你此時

所做的正是逐漸消除狗狗想被召回的動機，無意間訓練了狗狗不再理會你的召回。

事實上，緩慢召回的反應很快就會變成無法召回，因為狗狗會企圖延長牠的歡樂時光，和你玩起「你追我跑」的遊戲，氣惱的你也許會當場對著狗狗大喊：**「笨狗！過來！」**當然，狗狗會想：「我可不這麼認為！我以前學過，嚴厲的語氣和高亢的音量代表你不太高興，我現在接近你才叫笨咧。你現在不太理智，請給我適當的稱讚及獎勵。」但正在氣頭上的你，才不會對狗狗好言好語，對吧？

這樣做，訓練出「可以召回」的狗狗

為了避免上述情況，你應該帶著你家狗狗的晚餐飼料到公園去，並在牠玩耍時，差不多每隔一分鐘就叫牠回來，讓牠坐下吃兩顆飼料，然後再讓牠去玩。

只要你這樣做，你的狗狗很快就會學會「召回是美好的暫停時間」，小小充電一下，你會對牠和善地說話、擁抱牠，然後牠就可以再回去玩了。

你的狗狗會很有自信地認為，召回不代表遊戲時光結束。而牠對召回的熱切積極，更將成為社區裡最熱門的話題！每當我要結束放繩遊戲時光，我會放輕語氣，告訴狗狗：「我們走吧，去找你的 Kong 玩具！」到公園之前，我總是在車裡和家裡留下塞有食物的 Kong 玩具，作為特別的獎賞。

「緊急坐下」或「趴下」也是個好法子

你還可以考慮教狗狗緊急坐下或趴下的口令，它通常會比緊急召回來得好用。教導牠可靠的坐下或趴下，遠比維持可靠的召回來得容易。運用讓狗狗迅速坐下的技巧，你就可以立刻控制牠的行為並限制牠的行動。

一旦你的狗坐下來，你有好幾個選擇：

1. 讓牠重回遊戲。無論是練習緊急坐下，或已經度過危險情境。
2. 把牠召回身邊。環境不斷在變化，如果狗狗接近你一些會比較安全時；有其他狗狗、人，尤其小孩接近時。如果狗狗已經坐下來看著你，就表示牠已經表現了自願聽從，你比較有可能把牠召喚回來。

3. 命令狗狗趴下等待。當不穩定的情況可能還會持續一會兒，如果狗狗不是正在跑來跑去或朝著你跑過來，讓牠趴下等待會比較安全時。

例如，你和離你有一段距離的狗狗之間有一群學童，如果你這時召回你的狗，可能會讓小朋友像撞倒的保齡球瓶般四散開來。

4. 走到你的狗狗身邊，幫牠扣上牽繩。為了讓牠更加穩定，接近牠時最好作出類似警察用來停止人、車的手勢，以維繫你

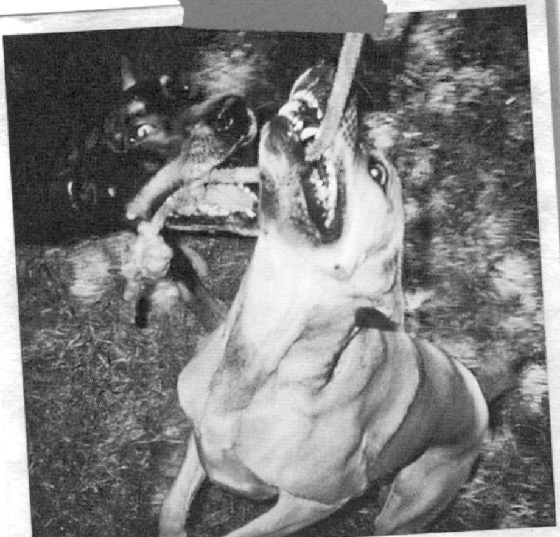

艾文和奧利佛學會玩複雜的拔河遊戲，咬花園盡頭七葉樹上垂下的一條繩子。如果你不教狗狗遊戲規則，牠們會自創狗狗遊戲與狗狗規則。

家狗狗的專注力，並且持續稱讚牠，讓牠保持定點不動。當危險近在眼前，召回或遠距離等待都非明智之舉時，請這麼做。例如，有一百隻羊正被趕往你家狗狗的方向，這種事曾發生在我家阿拉斯加雪橇犬身上。

四步驟，有效訓練狗狗的遠距離「緊急坐下」

無繩控制的祕訣在於：徹底把好玩的訓練跟你家狗狗所有的放繩活動結合在一起。

你的目標一開始就應該是完全結合訓練和遊戲，差不多每分鐘中斷狗狗放繩後的活動一次。例如，每次在狗狗進行好玩活動時中斷它，叫狗狗坐下，然後再讓牠重新開始活動。這麼做等於你用極強效的獎勵，增強了牠迅速坐下的行為，你愈常打斷你家狗狗的遊戲，就愈能經常獎勵牠迅速坐下的行為。

剛開始時，先在安全封閉的區域裡進行訓練，可以是家裡或院子裡的放繩時光，或是在幼犬班、狗狗派對，以及在狗公園玩放繩遊戲時。

第一步、大約每分鐘一次，跑到你家狗狗面前，抓住牠的項圈，稱讚牠，餵牠一塊美味的零食，然後告訴牠再去玩。一開始選在較小的範圍裡進行，比如你家廚房，並在沒有其他干擾之下練習。然後試著在只有另一隻狗狗在場時這麼做。如果你抓不到你家狗狗，請另一位飼主一起幫忙抓住牠。接下來，試著在有另外兩隻狗狗在場時這麼做，逐漸增加狗狗的數量和範圍大小，直到你可以很容易在你家狗狗玩耍時抓到牠為止。練習第一步驟時，請使用冷凍乾燥的肝臟零食，狗狗很快就會喜歡上有人抓住牠的項圈了。

第二步、一旦你很容易就可以抓到狗狗，接下來的訓練使用乾飼料就夠了。現在，每次你抓住狗狗項圈之後，就叫牠坐下。利用食物誘導狗狗出現坐下的姿勢，一旦牠坐下來，稱讚牠並餵予飼料當成獎勵，然後讓牠去玩。

第三步、此時，你的狗狗應該已經對你伸手抓牠的項圈感到完全輕鬆自在了。事實上牠可能很期待這件事，因為牠知道自己再度去玩之前，可以獲得食物獎勵。你會發現，狗狗將因為預期會有食物的獎勵而坐下，這是件好事，因為下一步是在你伸手去抓項圈之前叫牠坐下。請快步走向狗狗，在牠鼻子下方晃動一顆飼料，一旦狗狗聞到食物，利用它作為誘餌，引導牠坐下，牠一坐下就稱讚牠，抓住牠的項圈，給塊飼料作為獎勵，然後告訴牠去玩。重點在於，狗狗坐下**之前**不要碰觸到牠，有些飼主缺乏耐性，會壓狗狗讓牠坐下，如果你依賴肢體接觸讓牠坐下，你永遠也不會有可靠的無繩控制。假如你遇到問題，回頭從使用冷凍乾燥肝臟零食開始。

第四步、現在，你的小狗應該在你接近時會迅速坐下了，這時你就可以教導牠遠距離坐下。同樣地，在無干擾的家中各處練習之後，再嘗試在有其他小狗在場時的狀況下練習。你坐在椅子上，完全不動，冷靜輕聲地說：「狗狗，坐下！」等一秒，然後迅速走向小狗，一邊用緊急但不大聲的語氣說：「坐下！坐下！坐下！」

著名作家的狗狗在我家沙發上玩「你拿不到我的 Kong 玩具」遊戲，此時牠們的飼主正在搜集資料，準備撰寫一本以狗狗從不說謊為主題的書。

狗狗一坐下就稱讚牠，抓住牠的項圈，給塊飼料作為獎勵，然後讓牠重新回去玩。隨著練習次數愈來愈多，你會發現狗狗聽令坐下之前，需要重複的口令次數愈來愈少。此外，練習次數愈多，狗狗坐下的速度就愈快，你也可以離牠愈來愈遠，最後你可以從一段距離之外輕輕發出一聲口令，你的狗就會迅速坐下。

從此之後，無論你家狗狗放繩與否，經常以重複的短訓練大量中斷牠的活動，九成中斷活動的訓練時間應該只有短短一秒，告訴你的狗坐下，然後馬上對牠說去玩。

由於你家狗狗迅速坐下的反應已經證實了你的控制力，所以你不需要做得太過頭。你不需要延長牠坐下等待的時間，相反地，很快就叫牠去玩，以增強牠迅速坐下的反應。

十次訓練當中，挑一次練習有點不一樣的項目，一旦狗狗坐下，命令牠坐下等待或趴下等待，或走到牠面前抓住牠的項圈，然後再告訴牠回去玩。

訓練即遊戲，遊戲即訓練

玩規則多多的遊戲是訓練小狗並讓牠動動腦的好玩作法，你的小狗將會學到，遊戲有規則，而且規則很好玩。訓練即遊戲，遊戲即訓練。

生活即訓練，訓練即生活

為了讓你的小狗在這裡、那裡，以及任何地方都能做出反應，牠需要在這裡、那裡，以及任何地方都接受訓練。經常短短地訓練你的小狗一下，每天至少十五次，僅有一兩次超過幾秒鐘長。把訓練完全融入小狗的生活型態，也融入你的生活型態，這就是祕訣。

把快速短坐下及解除等短訓練穿插在小狗的散步與放繩遊戲時間中，每當牠很快坐下，

三隻作客的落磯山搜救牧羊犬挑戰奧梭，在客廳裡玩搜尋餅乾的遊戲。

就馬上讓牠重回散步或遊戲，以作為增強，這是家犬世界中最棒的獎勵。換句話說，把各種短訓練穿插在所有狗狗喜歡的活動當中，譬如：坐車、看你準備狗狗晚餐、趴在沙發上，以及玩狗狗遊戲等。舉例而言，讓你的狗在你丟出網球及拿回網球之前都坐下來，逐次增加坐著等待的時間。

同樣地，在所有小狗喜歡的活動之前安插短訓練。例如，叫小狗趴下來翻滾，讓人搔牠肚子，或者趴下等待一會兒，再邀請牠上沙發依偎在身旁。先讓牠坐下再扣上牽繩、打開門、告訴牠上車、讓牠下車、讓牠放繩去，也要確認牠先坐下再放飯。

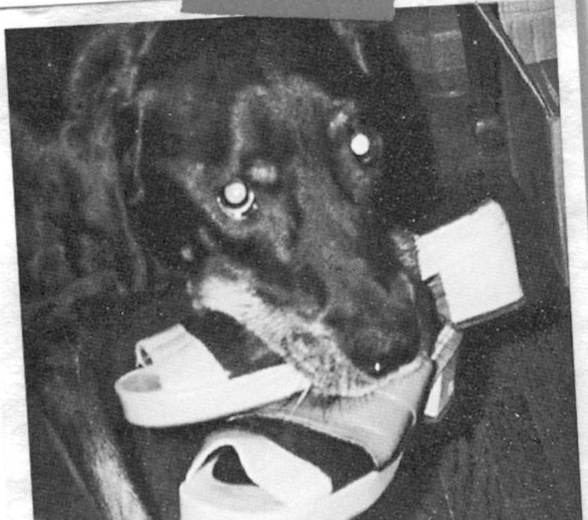
艾文可以從任何地方找到藏起來的鞋子。

完全結合訓練和生活之後，你的小狗會分不清遊戲和訓練的差別，好玩的時光必須遵守規則，而訓練更會變得很好玩！

你的生活＋狗狗的生活＋訓練＝每一天！

你會發現，在生活中融入訓練容易又有趣。

舉例來說，每當你打開冰箱、泡杯茶、翻報紙或寄出電子郵件，指示你的小狗連續變換姿勢，不一定要讓牠維持每個姿勢不動多久。如果你每次做這些事時，就指示小狗做出簡單的連續動作，你每天訓練小狗的次數將輕易就超過五十次以上，而且完全不用改變你的正常作息。

請記住：身為飼主，你對這隻小狗年輕、極易學習的發育中大腦負有責任，請讓牠動動腦，讓小狗發揮牠的完全潛能並樂在其中。

一旦你的狗訓練良好，牠就可以享受在家中自由活動的樂趣，無論牠去哪裡幾乎都會受到

菲尼克斯一直是沙發訓練的天生好手。

歡迎，最後也可能從沙發訓練畢業。我家的狗多半窩在沙發上，牠們喜歡迪士尼頻道，我偶爾會在廣告時間請牠們做些事，例如，移開一點、拿報紙、轉台、用吸塵器把客廳吸一吸，或準備晚餐，牠們是訓練精良的狗狗。

奧梭在練習「休息」之前，先在吊床上練習「坐著等待」。

電視訓練

看電視是很棒的訓練機會，把狗狗的床和兩個塞有食物的 Kong 玩具放在電視前，在狗狗適應這個地方時看著牠。
廣告時間則是做短訓練的最佳時機，或在你觀賞犬隻訓練影片時，讓狗狗在旁休息，不時讓牠加入，一起練習。

第九課

幼犬教育總複習

一旦你完成了對自己的狗狗教育，也挑出最適合的小狗，你會發現有很多事情要做，但時間不夠。以下依急迫的程度和重要性，列出養育小狗的優先要務：

居家禮儀

緊急等級：一級

重要等級：三級

時間：從小狗到家第一天開始

居家禮儀是新小狗最緊急的教育項目，如果你想避免惱人的問題，從狗狗到家的第一天就必須開始訓練。

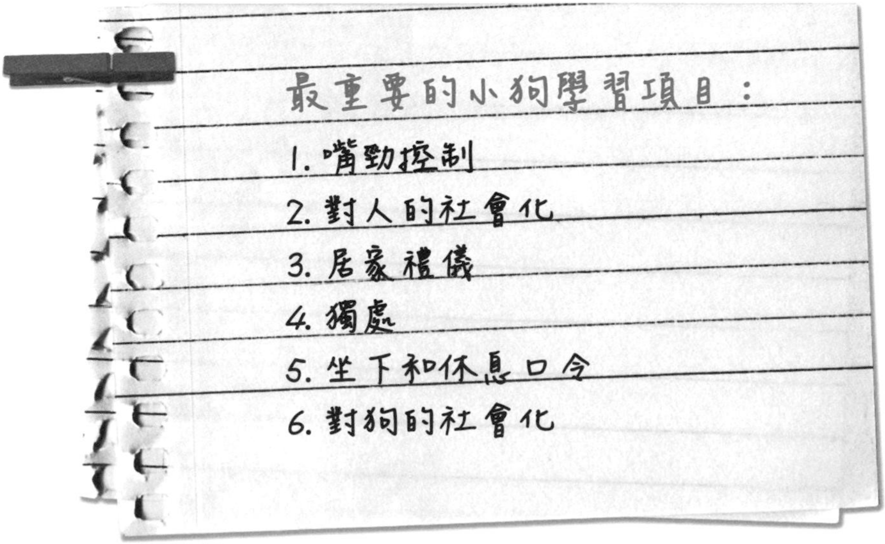
最重要的小狗學習項目：
1. 嘴勁控制
2. 對人的社會化
3. 居家禮儀
4. 獨處
5. 坐下和休息口令
6. 對狗的社會化

居家禮儀的具體項目是大小便訓練、啃咬玩具訓練，以及教導狗狗用其他方式代替以吠叫作為消遣。

從第一天到家就要開始不出錯的管理教養計畫，包括限制活動範圍的時間表，以及大量使用塞有飼料的中空啃咬玩具，像是Kong、狗餅乾球或潔牙骨等。

簡單的行為問題很容易避免，卻是人們不滿意狗狗最普遍的理由，也是把狗安樂死最常見的理由。一旦飼主允許小狗發展出亂大小便、亂咬東西、吠叫、挖洞，以及逃脫等問題，狗狗很快就會變得不受歡迎。

在你的幼犬教育清單上，教導居家禮儀應該

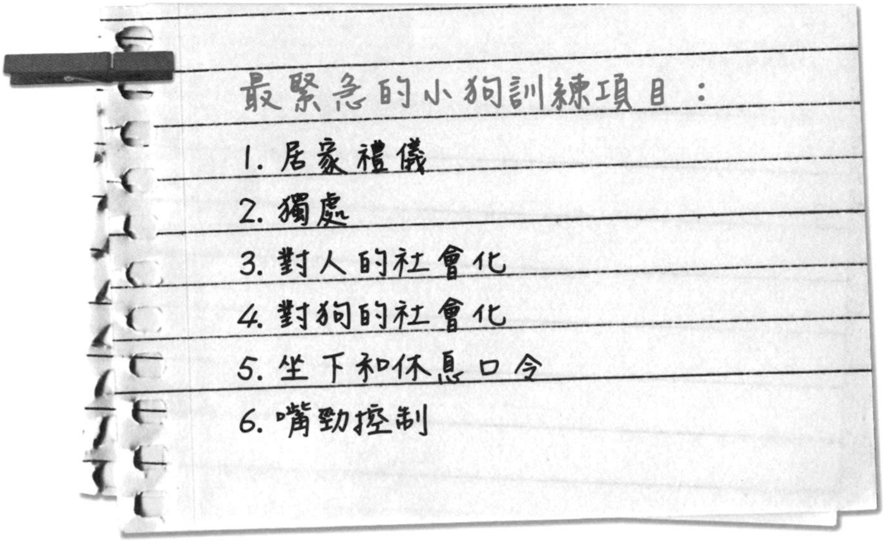
最緊急的小狗訓練項目：
1. 居家禮儀
2. 獨處
3. 對人的社會化
4. 對狗的社會化
5. 坐下和休息口令
6. 嘴勁控制

從小狗到家的第一天開始，這是首要任務。

在家獨處

緊急等級：二級
重要等級：四級
時間：小狗到家後的最初幾天和幾週

教導小狗自信獨處是幼犬教育清單上第二緊急的項目，如果在小狗到家後數天或數週內給牠大量關注和熱情，一旦大人去上班，小孩去上學，只有牠被獨自留在某處限制活動，這對牠是不公平的。

這是件不幸的事，但現今家犬生活的瘋狂步調，使得教導小狗在家自得其樂絕對有其必要，不但可以確保牠在無人監督下能遵守已建立的居家禮儀，更重要的是可以預防小狗在無人在家時變得焦慮。

正常來說，這二者彼此相關，因為小狗一旦變得焦慮，就會亂叫、亂咬東西、挖洞和更頻繁地尿尿。從小狗到你家的第一天起，尤其在最初幾天到數週內，你得教導牠如何安靜及安定自信地自己娛樂自己，否則牠被留在家中獨處時，壓力很可能會變得很大。

在你可以在家監看狗狗的最初幾天或幾週，教牠享受活動範圍受限時的安靜時光，尤其要確保小狗有事情做，如啃咬塞了食物的啃咬玩具，讓牠在你不在家時可以自己玩，開心消磨時間。

讓你的小狗對獨處作好準備極為重要，這件事對你能否心平氣和也很重要，因為只有能夠預防狗狗亂大小便、亂咬東西及吠叫，你才能保持心平氣和；這件事對於狗狗能否心平氣和也很重要，因為狗狗變得過度依賴、緊迫或焦慮，絕對不是件好玩的事。

對人的社會化

緊急等級：三級

重要等級：二級

時間：永遠都要進行，小狗三個月大之前尤其重要

許多人認為，去幼犬班上課是為了讓小狗與人進行社會化，但這不完全正確。幼犬班固然提供了狗狗持續與人社會化的便利管道，但小狗必須在三個月大參加幼犬班之前，就有良好的對人社會化經驗。

原因在於，社會化的最佳時效在小狗三個月大就結束了，讓你的小狗擁有足夠的對人社會化經驗因此相當緊急。在小狗到你家後的一個月裡，牠至少需要遇見一百個人，而且有過正面的互動經驗。

許多小狗訓練技巧都著重於教導小狗喜歡人的陪伴及行為，因為社會化良好的狗狗自信、友善，不會恐懼或出現攻擊行為。向所有家人、訪客和陌生人示範如何讓你的小狗過來、坐下、趴下和翻滾，並且讓小狗因為可以吃到飼料而喜歡被人撫摸和碰觸。

和社會化不足的狗狗一起生活可能會很挫折、困難而且危險。對於社會化不足的狗狗來說，生活帶來的壓力也讓牠們難以忍受。

讓你的小狗進行對人的社會化極其重要，僅次於讓小狗學習控制咬勁。進行社會化永遠沒有結束的一天。

也請記得，除非你讓青春期狗狗持續每天遇見陌生人，否則牠的社會化將開始退步。請多帶狗兒出外散步，或在家中擴充你的社交生活。

對狗的社會化

緊急等級：四級

重要等級：六級

時間：三個月和四個半月大之間，建立可靠的嘴勁控制，並且永遠對其他狗保持友善

一旦你的小狗滿三個月大，正是牠開始補足狗對狗社會化經驗的良辰吉時，也是上幼犬班、長時間散步及前往狗公園的時候。社會化良好的狗狗寧願與其他狗狗玩，也不會咬其他狗或打架，如果牠們真的開咬或打架，通常也咬得較輕。

如果你希望你的小狗成年後喜歡其他狗同伴，幼犬班和散步就不可或缺。尤其因為許多小狗在打完預防針之前一直被關在家中（至少到三個月大）。

然而，評估狗對狗社會化的重要性並不容易，往往得看飼主的生活型態而定，對狗友善可能沒有必要，也可能是必要的特質。如果你想跟你的成犬出外散步，在幼犬班和狗公園進行早期社會化是必要的。令人意想不到的是，大型犬和城市裡的狗經常被帶出去散步，小型犬和郊區的狗則很少被帶出去。

無論你期望狗狗長大後具備多少社會化能力，幼犬期與其他狗玩耍，尤其是打著玩及咬著玩，對於控制咬合力及發展溫柔嘴勁有其絕對必要。單單為了這個理由，幼犬班和去狗公園對三個月大的小狗來說，就是一個優先要務。

坐下和休息口令

緊急等級：五級

重要等級：五級

時間：你想讓你的小狗聽話就可以開始

如果你只教你的狗兩個口令，一定要是「坐下！」和「休息！」，只要想想那些狗狗坐下就無法搗蛋的事就夠了。

坐下和休息不像社會化和嘴勁控制，一定要在幼犬期進行，你任何時候都可以教狗狗坐下和休息，所以沒有急迫性。然而，教導小狗極為簡單好玩，那何不從牠到家第一天起就開始？或者你有一窩小狗，何不及早從牠們四週或五週大就開始教導基本禮儀？

教導這些簡單有效的控制指令唯一急迫的情況是，如果小狗的活躍程度開始惹惱你，坐下或休息可以解決大多數問題。事實上，簡單的坐下就可以避免大多數惱人的行為問題，包括撲人、暴衝出門、逃跑、騷擾人、追尾巴、追貓等，不勝枚舉！

從一開始就教你的小狗「對的行為」，像是坐下，會比糾正牠許多錯誤行為來得容易。無論如何，如果你的狗因為不知道規矩而犯錯，而你卻對牠大動肝火，這就不公平了。

基本禮儀的重要性難以分級，我個人喜歡「享受當狗樂趣卻不會為人帶來困擾」的狗狗。從另一方面來看，許多從未正式受訓的狗狗依然可以與人快樂共處。如果你認為你的狗對你來說很完美，你可以有自己的選擇，但如果你或其他人發現你的狗有擾人行為，為何不一開始就教導牠合宜行為呢？

嘴勁控制

緊急等級：六級

重要等級：一級

時間：四個半月大前

嘴勁控制極為重要，是任何一隻狗或任何動物最重要的特質，與無法預測嘴勁控制的狗兒一起生活，非但不愉悅，也很危險。

對所有的狗狗來說，懂得輕輕用嘴是很重要的，我們當然希望狗兒永遠不會開咬或打架，但如果發生了，良好的嘴勁控制可以確保你的狗不會造成任何傷害。

社會化是個持續的過程，能夠不斷擴展小狗的經驗及提高自信，有助於牠自在地面對成年後每日生活中的挑戰及變化。然而，你不可能幫你的狗為所有事情都做好準備，在極為罕見的情境之下，當成犬受了重傷、受驚、害怕或生氣，牠們很少會寫投訴信，牠們通常只會低吼及開咬，此時咬傷的程度就取決於幼犬期的嘴勁控制訓練。

嘴勁控制很糟的成犬極少用嘴含對方，也很少開咬，但是牠們一旦開咬，對方幾乎一定會破皮。反之，嘴勁控制良好的成犬在遊戲中常以嘴含對方，就算牠們開咬，對方也幾乎都不會破皮，因為牠們在幼犬期已學會如何表達抱怨，而且不會造成任何傷害。

然而，嘴勁控制卻是狗兒及其他動物行為發展中最容易遭到誤解的。許多飼主犯下的天大錯誤就是要求小狗完全不可以動口咬，如果你不允許小狗咬著玩，牠就無法發展出可靠的嘴勁控制。

小狗幾乎天生就是會咬的機器，有著像針一般的牙齒，因此在牠們發展出足以造成相當傷害的強壯上下顎之前，就該學習「咬」這個動作會傷害對方。如果我們從來不允許牠們咬著玩，或打架打著玩，牠們就無法學習控制咬的力道。

嘴勁控制的訓練包括，先教小狗逐漸控制自己用嘴的力道，直到會痛的狗狗遊戲啃咬轉變為溫和的含咬，然後此時（唯有此時）才能教導牠慢慢減少含咬的次數，這麼一來，狗狗將學到含咬大致上是不當行為，任何用力的啃咬更是絕對不容允許。

直到小狗滿四個半月以前，都可以進行這項訓練，你大可以慢慢來，確認牠已經精通這項幼犬教育中最重要的項目。小狗咬的次數愈多，成年後的嘴巴就愈安全，因為牠已經有過很多機會學習咬的殺傷力。

如果你擔心你家小狗的咬人行為，馬上報名幼犬班，向訓練師尋求進一步建議，你家小狗也可以在遊戲時消耗體力，並且把諸多啃咬行為轉移到其他狗狗身上。

嘴勁控制必須在幼犬期學會，請徹底了解教導小狗的方法。另一方面，要教導青春期的狗狗或成犬嘴勁控制常常極為困難、危險、耗時，請研究書末的參考資料並且立即向訓練師尋求諮詢。

下課後，
和狗狗一起完成的
課後訓練

所有行為、訓練和性情問題，都可以在幼犬期輕易預防，若等到狗狗成年後，相同問題可能耗時又極難解決。對人的分離焦慮、恐懼和攻擊行為，必須在小狗三個月大之前做好預防，因此，請家人和朋友檢查你是否每天做了功課，如果你不教小狗，牠就沒辦法學習。
把這幾張表格影印下來每週使用，也可以放大影印，在空格打勾或適時記下次數、時間長度、百分比等數字。

在家獨處訓練

小狗到家後第一週裡，牠必須學習大小便訓練、居家禮儀和獨處時自己找樂子玩。學習成功與否取決於兩件事：

一、你的小狗多半待在短時間或長時間限制活動範圍的自我學習環境裡。

二、你的小狗從塞了食物的啃咬玩具，或透過人手餵食獲得所有的食物，而不是從狗碗裡狼吞虎嚥「不勞而獲」的食物。

	六	日	一	二	三	四	五
小狗每天有多少百分比的時間：							
·待在短時間限制活動範圍裡，裡頭有塞了食物的啃咬玩具？							
·待在長時間限制活動範圍裡，裡頭有塞了食物的啃咬玩具和狗廁所？							
·在全程有人監督及回饋下進行遊戲及訓練？							
·在全程有人監督及回饋下探索家裡？							
·在無人監督之下探索家裡或院子？							

請記住：如果你讓小狗在無人監督下在家中自由來去，牠將發展出一連串可預期的問題：隨處大小便、亂咬、吠叫、亂挖洞、跑出家裡，以及其他引發焦慮的問題。

小狗每日有多少百分比的攝食量（飼料和零食）來自：

‧中空的啃咬玩具							
‧陌生人以手餵食的獎勵							
‧親友以手餵食的獎勵							
每日練習次數：你人在家時，偶爾讓小狗待在長時間限制活動範圍裡，監看牠的行為，一旦牠學會很快安靜下來，休息並玩啃咬玩具，就可以不用籠子作為短時間的限制活動範圍。							
‧人在家時，小狗在長時間限制範圍裡？							
‧人在另一個房間，小狗在短時間限制範圍裡？							
‧小狗在正確地點上廁所後獲得的獎勵食物總數？ 註：這是最快訓練小狗定點大小便的方法！							
‧**小狗以狗碗吃飯的次數？** 註：除非你在進行狗碗訓練，不然，你正在浪費寶貴的飼料，它原本可用來填入啃咬玩具，或讓親友和陌生人拿來作為訓練獎勵。							
‧亂咬的次數？							
‧隨處大小便的次數？							

小狗剛到家的最初幾週，任何錯誤都應該嚴肅看待，出現隨處大小便與亂咬問題的小狗通常會被放逐到院子裡關著。牠會因無聊及焦慮而吠叫、挖洞或脫逃。早點限制活動範圍並提供塞有食物的啃咬玩具，可以教導小狗該啃咬**何物**，以及在**何時**、**何處**上廁所和安靜休息，把行為良好的小狗放在屋裡則可以預防牠亂挖洞或逃跑。

嘴勁控制訓練	六	日	一	二	三	四	五
玩了幾次啃咬遊戲和打架遊戲？							
小狗含咬你的手時，你給予愈多適當的回饋，牠將愈快學會減輕嘴勁，成犬後牠的嘴巴也更安全。在幼犬期和青春期，隨著小狗精力及遊戲興致的提高，小狗含咬人的次數將穩定增加。小狗咬痛你的次數應該會在三個半月大時達到最高峰，此時牠的上下顎變得較為有力。此後，隨著小狗學習溫柔輕咬，咬痛你的次數就會減少。							
小狗咬痛你的次數？							
每日咬痛人的次數到了四個月大應該已大幅減少，如果不然，請馬上尋求訓練師的協助。							
每次遊戲時間穿插幾次訓練（坐下或休息）？							
中斷遊戲的次數永遠不嫌多，每一次中斷，「再開始遊戲」就是小狗停止遊戲的獎勵。							
你監督小狗把玩發聲玩具和軟質玩具的次數？							

上述訓練對於玩具的存活率不可或缺，而且是教導小狗溫柔用嘴的最好方法之一。記住，動物填充玩具和發聲玩具不是啃咬玩具，破壞或吃下這類玩具對狗狗極度危險！

你教過小狗聽從指令說話（吠叫或低吼）了嗎？現在就是最好的訓練時機。

你報名幼犬班了嗎？幼犬班提供了小狗學習嘴勁控制的最佳環境。

在家中進行的社會化訓練	六	日	一	二	三	四	五
你的小狗必須在三個月大以前，與至少一百個人進行過社會化，每週只要二十五個人，或每天四個人，請列出小狗見過的人數：							
．總人數？							
．男子總數？							
．陌生人總數？							
．小孩總數？							
．幾名嬰兒（零至兩歲）？							
．幾名幼兒（二至四歲）？							
．幾名小孩（四至十二歲）？							
．幾名青少年（十三至十九歲）？							
請注意：無論何時都必須監看小狗和嬰幼兒，讓小狗聞聞嬰兒的尿布，保護嬰兒的臉和手，如果你用自己的手包著幼兒的手，可以讓他們以手餵食小狗，以及訓練小狗。如果小孩和青少年獲得適當的指導及監看，他們會是最佳的小狗訓練師。							
．舉辦小狗派對的次數？							

・每場派對參加的人數？							
・訓練過小狗過來、坐下、趴下和等待的客人總數？							
・每場派對上怪異人士的人數？ 註：你的小狗需要接觸戴著帽子、安全帽、太陽眼鏡和有鬍子的人，以及舉止怪異、做鬼臉、走路奇形怪狀、大笑、咯咯笑、哭泣、大嗓門和假裝吵架的人。							
・抱過（擁抱或限制牠活動）小狗的客人總數？							
有多少位客人檢查過小狗以下部位後，給牠飼料吃？							
・口鼻							
・雙耳							
・四個腳掌							
・屁股							
家人進行以下動作再餵小狗吃飼料的次數？							
・檢查口鼻							
・檢查雙耳							

．檢查每個腳掌							
．擁抱或限制小狗活動							
．搔小狗肚皮							
．抓住小狗項圈							
．幫小狗梳理							
．檢查及清潔小狗牙齒							
．幫小狗剪指甲							
．教導小狗過來、坐下、趴下及等待後，以手餵食了幾顆飼料？							
．教導「走開！」、「去拿！」、「輕輕地！」時，以手餵食了幾顆飼料？							
．教導「走開！」、「去拿！」、「謝謝！」時，拿飼料交換了多少次玩具（球、骨頭、啃咬玩具、衛生紙）？							
．狗碗訓練的次數？							

在外的社會化及訓練

廣闊的世界對三個月大的小狗而言，可能是個可怕的地方，不要催促小狗快速通過環境，選一條住家附近的安靜街道，盡可能給小狗時間觀察周遭的世界。確定把小狗的晚餐飼料裝袋後再帶出門，在出外野餐五到六次之後，你的小狗將處變不驚，因為牠已經去過也做過，沒什麼大不了的！

每當有人或狗經過，就以手餵食小狗一顆飼料。每當有小朋友、卡車、機車、腳踏車或玩滑板的人迅速擦身而過，就給小狗一塊肝臟零食。讓陌生人和小孩在小狗坐下時，餵牠吃肝臟零食。

請小狗派對的客人幫忙，讓小狗接觸到腳踏車、滑板和其他會移動的東西，如此一來，令牠害怕的潛在刺激會比較容易控制。

在忙碌的街道上、市中心商業區、小孩遊戲場附近、購物中心，以及有其他動物的偏遠地區重複上述程序，確保小狗有一些時間可以探索辦公大樓、樓梯間、電梯和光滑的地板。

在外的社會化及訓練	六	日	一	二	三	四	五
小狗遇見陌生人的總數？							
小狗遇見陌生狗狗的總數？							

請記住：為了讓小狗維持社會化以及友善的表現，牠需要每天至少遇見三名陌生人及三隻陌生狗，否則牠的社會化到了青春期（四個半月到兩歲間）將急劇變糟。

	六	日	一	二	三	四	五
散步次數？							

到狗公園的次數？							
每次散步穿插幾次訓練（坐下和趴下）？							
每次散步有幾次「一分鐘休息」？							
在狗公園做了幾次召回、緊急坐下或緊急趴下？							
小狗先小便再散步的次數？							
小狗進行車內訓練的次數？							
小狗和另一隻狗打招呼後，你稱讚獎勵了幾次？							

列出十項小狗最愛的活動和遊戲，把它們作為生活獎勵，將訓練融入小狗的生活裡。

列出你和小狗玩什麼遊戲，會讓牠覺得訓練容易又好玩（可參考三〇九頁的書籍及DVD清單）	

你對小狗行為生氣的次數？							
你訓斥或處罰小狗的次數？							

如果訓練未如計畫，而且你不滿意小狗的進展，馬上向訓練師尋求協助。

如果你盡力達成了本書中描述的所有訓練，恭喜你！你現在應該可以和你家天性良善又進退有禮的狗狗伴侶愉快度過漫長的一生。今天給你的狗狗一塊特別的骨頭，告訴牠好乖，並且好好拍拍自己的背，告訴自己：「做得好！好棒的主人！」

參考文獻

大多數書店和寵物店都提供了極多與狗狗相關的書籍和ＤＶＤ，一些訓犬機構選出了對即將成為小狗飼主的人最有幫助的。

以下我列了一些由全球最大寵物犬訓練師協會——美國寵物犬訓練師協會（APDT）及 DogStarDaily 員工選出來的清單，清單上大部分的書和ＤＶＤ都可以在書店或亞馬遜網路書店買到。

APDT 前十名最佳ＤＶＤ：

1. *SIRIUS Puppy Training*, Dr. Ian Dunbar
2. *Clicker Magic*, Karen Pryor
3. *Take A Bow Wow*, Virginia Broitman & Sheri Lippman
4. *Training The Companion Dog* (4 DVDs), Dr. Ian Dunbar
5. *Clicker Fun* (3 videos), Dr. Deborah Jones
6. *Dog Aggression: Biting*, Dr. Ian Dunbar
7. *The How of Bow Wow*, Virginia Broitman
8. *Training Dogs With Dunbar*, Dr. Ian Dunbar
9. *Calming Signals*, Turid Rugaas
10. *Puppy Love: Raise Your Dog The ClickerWay*, Karen Pryor & Carolyn Clark

DogStarDaily 精選前十名狗狗經典著作：

1. *The Culture Clash*, Jean Donaldson, James & Kenneth Publishers, 1996
2. *The Other End of The Leash*, Patricia McConnell, Ballantine Books, 2002
3. *Bones Would Rain From The Sky*, Suzanne Clothier, Warner Books, 2002
4. *Excel-erated Learning: Explaining How Dogs Learn and How Best to Teach Them*, Pamela Reid, James & Kenneth Publishers, 1996
5. 《別斃了那隻狗！》，凱倫布萊爾，商周出版，2007
6. *Help For Your Fearful Dog*, Nicole Wilde, Phantom Publishing, 2006
7. *Behavior Problems in Dogs*, William Campbell, Behavior Rx Systems, 1999
8. *Biting & Fighting* (2 DVDs) , Ian Dunbar, James & Kenneth Publishers, 2006
9. *Dog Language*, Roger Abrantes, Wakan Tanka Publishers, 1997
10. *How Dogs Learn*, Mary Burch & Jon Bailey, Howell Book House, 1999

DogStarDaily 精選前十名有趣狗狗書籍或DVD：

1. *Bow Wow Take 2 & The How of Bow Wow* (2 videos), Virginia Broitman, North Star Canines & Co. 1997
2. *The Trick is in The Training*, Stephanie Taunton & Cheryl, Smith. Barron's, 1998
3. *Fun and Games with Your Dog*, Gerd Ludwig, Barron's, 1996.
4. *Dog Tricks: Step by Step*, Mary Zeigenfuse & Jan Walker, Howell Book House, 1997
5. *Fun & Games with Dogs*, Roy Hunter, Howlin Moon Press, 1993

6. *Canine Adventures*, Cynthia Miller, Animalia Publishing Company, 1999
7. *Getting Started: Clicker Training for Dogs*, Karen Pryor, Sunshine Books, 2002
8. *Clicker Fun* (3 videos), Deborah Jones, Canine Training Systems, 1996
9. *Agility Tricks*, Donna Duford, Clean Run Productions, 1999
10. *My Dog Can Do That! The board game you play with your dog*, ID Tag Company, 1991

小狗飼主的十大好書：

1. *How to Teach a New Dog Old Tricks*, Ian Dunbar, James & Kenneth Publishers, 1991
2. *Doctor Dunbar's Good Little Dog Book*, Ian Dunbar, James & Kenneth Publishers, 1992
3. *Your Outta Control Puppy*, Teoti Anderson, TFH Publications Inc, 2003
4. *Raising Puppies & Kids Together*, Pia Silvani, TFH Publications Inc, 2005
5. *The Perfect Puppy*, Gwen Bailey, Hamlyn, 1995 (APDT #8)
6. *Dog Friendly Dog Training*, Andrea Arden, IDG Books Worldwide, 2000
7. *Positive Puppy Training Works*, Joel Walton, David & James Publishers, 2002
8. *The Power of Positive Dog Training*, Pat Miller, Hungry Minds, 2001
9. *25 Stupid Mistakes Dog Owners Make*, Janine Adams, Lowell House, 2000
10. *The Dog Whisperer*, Paul Owens, Adams Media Corporation, 1999

YR8002X

唐拔博士的養狗必修九堂課：
掌握三個月黃金發展期，教出守規矩、伶俐可愛的好狗兒！

作　　者　唐拔博士（Dr. Ian Dunbar）
譯　　者　黃薇菁
編　　輯　陳詠瑜、戴嘉宏
校　　對　聞若婷
版面構成　洪伊奇
封面設計　張曉君
行銷統籌　張瑞芳
行銷專員　何郁庭

總 編 輯　謝宜英
出 版 者　貓頭鷹出版
發 行 人　涂玉雲
發　　行　英屬蓋曼群島商家庭傳媒股份有限公司城邦分公司
　　　　　104 台北市中山區民生東路二段 141 號 11 樓
　　　　　劃撥帳號：19863813；戶名：書虫股份有限公司
城邦讀書花園：www.cite.com.tw　購書服務信箱：service@readingclub.com.tw
購書服務專線：02-2500-7718~9（周一至周五上午 09:30-12:00；下午 13:30-17:00）
24 小時傳真專線：02-2500-1990；25001991
香港發行所　城邦（香港）出版集團／電話：852-2508-6231 ／傳真：852-2578-9337
馬新發行所　城邦（馬新）出版集團／電話：603-9056-3833 ／傳真：603-9057-6622
印 製 廠　中原造像股份有限公司
初　　版　2013 年 1 月
二　　版　2020 年 9 月
定　　價　新台幣 420 元／港幣 140 元
ISBN 978-986-262-431-9

讀者意見信箱　owl@cph.com.tw
投稿信箱　owl.book@gmail.com
貓頭鷹臉書　facebook.com/owlpublishing

【大量採購，請洽專線】(02) 2500-1919

城邦讀書花園
www.cite.com.tw

國家圖書館出版品預行編目資料

唐拔博士的養狗必修九堂課：掌握三個月黃金發展期，教出守規矩、伶俐可愛的好狗兒！/ 唐拔 (Ian Dunbar) 著；黃薇菁譯 . -- 二版 . -- 臺北市：貓頭鷹出版：家庭傳媒城邦分公司發行 , 2020.09
面；　公分 .
譯自：Before & after you get your puppy
ISBN 978-986-262-431-9 (平裝)

1. 犬　2. 寵物飼養　3. 犬訓練

437.354　　109008748